基礎と実践

数理統計学入門
（改訂版）

工学博士　横山真一郎
博士(工学)　関　　哲朗　共著
博士(工学)　横山　真弘

コロナ社

まえがき

「統計」はよく耳にする言葉である。また自然現象・社会現象などのあらゆる場面で様々な統計的規則性の存在を実感することが多い。これらの統計的規則性が認められるのは，その背後に，ある種の原因と結果の因果律があるからであり，その統計的規則性を見つけることは興味深いことである。

日本に英米流の統計学が本格的に導入されたのは，戦時中から戦後にかけてである。社会調査に標本調査法などが盛んに応用され「推測統計学」が普及した。そして昭和25年頃を境目として新しく統計的品質管理法などが本格的に導入され，日本の品質管理が高度経済成長とともに目覚ましい発展をとげた。

近年コンピュータの技術が急速に発達し，データ解析の処理能力も上がったことにより，いろいろな分野で，コンピュータを活用した現象の数量化やモデル化が試みられた。その有力な手段として多変量解析法やその他の推測統計学的手法が盛んに適用されるようになった。

さらに時代は進み，日本の経済が安定してくると，価値観が変わり消費者行動に変化が現れ，ますます社会現象の解明が難しくなってきた。そして製品のライフサイクルが短くなり，品質特性を考える上で母集団を想定しづらくなり，推測に用いられる標本の大きさは小さくなった。このような状況においてもIT技術と統計的手法を積極的に活用することにより，世界に通用する現実的なソリューションを得るための理論あるいは知識を求めていくように努力しなくてはならない。現在は蓄積してきた技術や知恵を実用的なものとし，さらに統計学は高度化を推し進める時代に入ってきている。

最近，蓄積された大量のデータからビジネスに活用できる有用な情報を取り出す技術として「データマイニング」が注目され，その中で統計学も活用されている。言葉だけ聞くと夢のような素晴らしい話であるが，現実は泥臭い作業

の連続である。

　データマイニングを用いれば何でも情報が発掘できると勘違いしている人がとても多い。しかしそれは現段階においては現実的な話ではない。それを可能にするのは，蓄積された知識を共有し活用することである。

　例えば，他社との差別化をはかるために，顧客の購買行動データを分析することで，お得意様に対するサービスを工夫し，さらに新規顧客を開拓していくマーケット戦略を検討したり，商品企画のためにニーズを分析し，競合会社の客層を把握して，新製品の売り上げ高を予測したりするために，社内蓄積データから法則を見つけていくなどの努力をしている。その際「何か重大な情報が得られるかもしれない」という気持ちで闇雲にデータ収集を行うことは，解析レベルを低下させてしまう。データを目的に応じて層別するなどの適切な前処理を行うことにより，価値ある結論を引き出すことができると考えている。

　本書では，これから統計学あるいは数理統計学を基礎から学びたいと思う人のために，わかりやすさを心掛けた。まず基礎的な学習項目を説明して，例題と解説を通じてどのようなことに使えるのかを理解してもらうように工夫した。さらに理解を深めてもらうために問題あるいは課題を用意した。また，9章では，実践の場で活用してもらうために，1～8章で学んだ例題について，Microsoft Excel®の基本的な計算機能と関数を使った解き方を示した。その際，参照時の便宜を考えて，各例題の解説のはじめに，その例題で使われる新出関数の一覧を「新しい関数」の欄で示してある。できるだけ多くの方に利用してもらうことを願っている。

　おわりに，本書の出版に際して家族ならびに横山研究室には多大なご協力をいただいた。また，コロナ社にもひとかたならぬお世話をいただいた。皆様に厚く御礼申し上げる次第である。

2006年11月

横山真一郎

改訂にあたって

　この書が出版されから10年になる。その後，統計解析ソフトウェアの開発がますます進み，手軽にデータ解析が行えるようになっている。さらに，Webサービス事業者などでは「ビッグデータ」がクローズアップされ，さまざまな解析が行われている。しかし，「ビッグデータ」の活用は今に始まったことではない。大量なデータから意味のある情報を抽出して，その結果をビジネスに役立たせる考えは昔も今も変わらない。大切なことは，問題の背後にある原因と結果の因果律を探し，そこに統計的規則性を見つけることである。つまり，得られた情報を資産活用するためにはデータを正しく理解しなくてはならないということである。そのためにも統計の基礎を学ぶことが必要である。お蔭様で，統計学を基礎から学びたいと思う人のために書いたこの本が版を重ねることができているのは，十分その任を果たしているからであると考えている。また利用して頂いた皆様に感謝している。

　本書の特徴は，基礎的な学習項目の説明と例題そして解説を通じて内容を理解してもらう部分と，実践して頂くためにExcelの基本的な計算機能と関数を使った例題の解き方を示した部分に分かれている。この度，関数を使った活用に関してご利用頂いている方々からご要望があり，Excel 2013に対応した解説に改訂することとした。引き続き多くの方に利用してもらうことを願っている。

　今回の改訂に際してもコロナ社にはひとかたならぬお世話を頂いた。厚く御礼申し上げる次第である。

　2016年2月

横山真一郎

目　　次

1. 確率と確率変数

1.1　標本空間と確率 ……………………………………………… 1
1.2　条件付き確率 …………………………………………………… 6

2. 標本データの記述

2.1　平均値，中央値，最頻値 …………………………………… 9
2.2　標本標準偏差と積率 ………………………………………… 14
2.3　度数分布表とヒストグラム ………………………………… 20

3. 乱数と主要な確率分布

3.1　乱数の作り方 ………………………………………………… 26
3.2　主要な確率分布 ……………………………………………… 29
3.3　確率分布に従う乱数 ………………………………………… 38

4. $\bar{X}$ の 分 布

4.1　正規分布からの $\bar{X}$ の分布 ………………………………… 42
4.2　非正規分布からの $\bar{X}$ の分布 ……………………………… 47

5. 計量値に関する検定と推定

5.1 母平均の検定と推定 ……………………………………………51
5.2 母平均の差の検定と推定 …………………………………………58
5.3 母分散の検定と推定 ………………………………………………69

6. 計数値に関する検定と推定

6.1 母比率の検定と推定 ………………………………………………74
6.2 2組の母比率の差の検定と推定 …………………………………78

7. 適合度の検定

7.1 分割表による検定 …………………………………………………82
7.2 一様性の検定 ………………………………………………………85
7.3 分布の当てはめ ……………………………………………………87

8. 相関分析と回帰分析

8.1 相 関 分 析 …………………………………………………………92
8.2 回 帰 分 析 …………………………………………………………98

9. Excel で実践

9.1 標本空間と条件付き確率 …………………………………………103
9.2 いくつかの平均値 …………………………………………………108
9.3 標本標準偏差, 標本ヒズミ, 標本トガリ ………………………109
9.4 ヒストグラム ………………………………………………………112
9.5 乱　　　数 …………………………………………………………114

- 9.6 二項分布，正規分布，逆関数法 …………………………………116
- 9.7 正規分布の和の分布 ………………………………………………120
- 9.8 中心極限定理 ………………………………………………………122
- 9.9 母平均の検定と推定 ………………………………………………123
- 9.10 母平均の差の検定と推定 …………………………………………125
- 9.11 母分散の検定と推定および分散比の推定 ………………………128
- 9.12 母比率の検定と推定 ………………………………………………130
- 9.13 母比率の差の検定と推定 …………………………………………132
- 9.14 独立性の検定，一様性の検定，分布の当てはめ ………………134
- 9.15 相 関 分 析 …………………………………………………………136
- 9.16 回 帰 分 析 …………………………………………………………138

付　　　　　録 ……………………………………………………………141
参 考 文 献 …………………………………………………………………164
問 題 の 解 答 ………………………………………………………………165
索　　　　　引 ……………………………………………………………189

1. 確率と確率変数

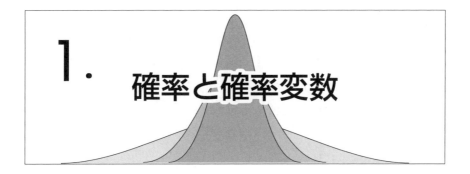

1.1 標本空間と確率

> 学習項目

- 標本空間 (sample space) と基本事象 (elementary event)
- 順列 (permutation) と組合せ (combination)
- 確率 (probability)
  - 排反 (exclusive)
  - 確率の公理 (probability axioms)
  - 加法定理 (additional theorem)

> ポイント

数理統計学あるいは統計的推測の基本的概念は確率論である。その確率論は繰返し操作の結果の集合を基礎としている。この実現し得るあらゆる可能な結果の集合のことを標本空間と呼んでいる。ここでは、確率および確率の基本となる集合について学ぶ。さらに、対象となる集合に含まれる事象の数を求める際に必要となる順列や組合せについて学ぶ。

〔1〕 標本空間と基本事象

偶然に左右される事柄の実現可能な個々の結果を「基本事象」と呼び、その全体を「標本空間」と呼ぶ。また、何も含まない事象を「空事象 (empty event)」と呼ぶ。

〔2〕 順列と組合せ

ある事柄に何通りの起こり方があるかを考えるとき，その起こり方の個数を「場合の数」という。「順列 $_nP_r$」は，n 個の相異なるものから r 個を選び，それを1列に並べるときの並べ方の数のことであり，つぎのようになる。

$$_nP_r = n \times (n-1) \times (n-2) \times \cdots \times (n-r+1)$$

また，「組合せ $_nC_r$」は，n 個の相異なるものから r 個を選ぶ組の数のことであり，つぎのようになる。

$$_nC_r = \frac{n!}{r!(n-r)!} = \frac{_nP_r}{r!}$$

$$_nC_r = {_nC_{n-r}}$$

$$_{n+1}C_r = {_nC_r} + {_nC_{r-1}}$$

ここで

$$n! = n \times (n-1) \times (n-2) \times \cdots \times 2 \times 1, \quad 0! = 1$$

である。

〔3〕 確　　率

ある現象が現れる割合や，ある試行によって事象が起きる度合いのことを「確率」と呼ぶ。確率は，対象とする事象の起きる可能性の推定値を与えるものであり，実際に起きたことではない。

（1）排　　反

任意の事象 A と B が同時に成り立つことがない関係のことを「排反」という。

（2）確率の公理

対象とする任意の事象 A の確率を $\Pr\{A\}$ のように標記するとき，つぎの三つの性質を「確率の公理」という。数値 $\Pr\{A\}$ は，つぎの三つの性質を満足する。

① 任意の事象 A に対して，$0 \leq \Pr\{A\} \leq 1$ が成り立つ。
② 空事象 ϕ と標本空間 Ω に対して，$\Pr\{\phi\}=0$，$\Pr\{\Omega\}=1$ が成り立つ。
③ 任意の事象 A と B がたがいに排反 $A \cap B = \phi$ であるなら
　　$\Pr\{A \cup B\} = \Pr\{A\} + \Pr\{B\}$ が成り立つ。

（3） 加法定理

任意の事象 A_1, A_2, …, A_n がたがいに排反であるとき，「確率の公理」の中の3番目の性質を拡張すると，つぎの「加法定理」が成り立つ。

$$\Pr\{A_1 \cup A_2 \cup \cdots \cup A_n\} = \Pr\{A_1\} + \Pr\{A_2\} + \cdots + \Pr\{A_n\}$$

例題 1.1

ある店舗には100個の異なる商品が揃えてある。いま5個の商品が売れた。売れた商品の組合せは何通り考えられるか。また，商品の内訳が**表1.1**であるという。任意の1商品を選ぶとき，惣菜でもA社商品でもなく，単価が500円未満である確率を求めなさい。

表1.1 商品の内訳数

事　　　象	要素の数（個）
惣菜	30
A社商品	50
単価が500円以上の商品	40
惣菜でありA社商品	10
惣菜であり単価が500円以上	6
A社商品であり単価が500円以上	12
A社商品の惣菜であり単価が500円以上	3

解　答

基本事象を ω_i，標本空間を Ω で表せば，例題1.1の標本空間はつぎのようになる。

$$\begin{aligned}\Omega &= \{\omega_1, \omega_2, \omega_3, \cdots, \omega_{99}, \omega_{100}\}\\ &= \{商品1が売れる，商品2が売れる，商品3が売れる，\\ &\quad \cdots, 商品99が売れる，商品100が売れる\}\end{aligned}$$

この100個の商品からランダムに5個選ぶ組合せはつぎのようになる。

$$_{100}C_5 = 75\,287\,520$$

つぎに，惣菜でもA社商品でもなく，単価が500円未満である商品の確率を求める。まず，ベン図（**図1.1**）を描いてみる。準備として，各事象をつぎのように定義しておく。

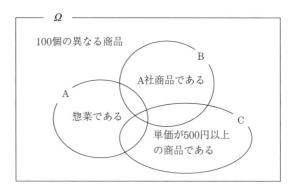

図 1.1　商品構成のベン図

各事象　A：惣菜である
　　　　B：A 社商品である
　　　　C：単価が 500 円以上の商品である

Pr{惣菜でも A 社商品でもなく，単価が 500 円未満の商品}
$= 1 - $Pr{惣菜または A 社商品または単価が 500 円以上の商品}
$= 1 - Pr\{A \cup B \cup C\}$
$= 1 - Pr\{A\} - Pr\{B\} - Pr\{C\} + Pr\{A \cap B\} + Pr\{A \cap C\}$
　$+ Pr\{B \cap C\} - Pr\{A \cap B \cap C\}$
$= 1 - \dfrac{30}{100} - \dfrac{50}{100} - \dfrac{40}{100} + \dfrac{10}{100} + \dfrac{6}{100} + \dfrac{12}{100} - \dfrac{3}{100}$
$= 1 - \dfrac{95}{100} = \dfrac{5}{100}$

解説

　確率は，事象が起きる度合いを数値で示したものであるから，それぞれの事象や和事象，積事象が起きる度合いを検討する。

　例えば，事象 A と B は排反ではないので，ベン図からわかるように和事象は，つぎのようになる。

$$\Pr\{A \cup B\} = \Pr\{A\} + \Pr\{B\} - \Pr\{A \cap B\}$$
$$= \dfrac{30}{100} + \dfrac{50}{100} - \dfrac{10}{100}$$

$$= \frac{70}{100}$$

以下同じようにして,ベン図から $\Pr\{A \cup B \cup C\}$ について考えればよい。

> **参考**:集合で用いられるおもな言葉と記号を整理する。
>
> | | |
> |---|---|
> | 標本空間または全事象(sample space or whole event) | Ω |
> | 基本事象(elementary event) | E |
> | 空 事 象(empty event) | ϕ |
> | 余 事 象(complementary event) | $\overline{E}$ または E^c |
> | 和 事 象(sum event) | $E_1 \cup E_2$ |
> | 積 事 象(product event) | $E_1 \cap E_2$ |
> | 排反事象(exclusive event) | $E_1 \cap E_2 = \phi$ |

問題 1.1

ある飲食店には,男性12人,女性8人の従業員がいる。この20人からランダム(random;無作為)に5人を選ぶことになった。選ばれた組合せが男性2人,女性3人となる確率はいくらか。

問題 1.2

図1.2に示す1から6までの独立した六つの要素からなるシステムがある。それぞれの要素(ボックス)が正常に機能する確率はどれも等しく R ($0 < R \leq 1$)である。システム全体が正常に機能する確率はいくらか。

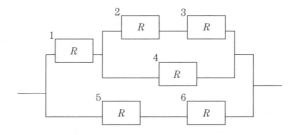

図1.2 システム全体のブロック図

1.2 条件付き確率

学習項目

・条件付き確率（conditional probability）
・乗法定理（multiplication theorem）
・独立（independent）
・ベイズの定理（Bayes' theorem）

ポイント

確率を計算する際に，対象とする特定の事象が他の事象と関係があるのかどうかについて考えることは重要な問題である．ここでは，対象となる特定の事象が他の事象に影響を受ける場合の確率の考え方について学ぶ．

〔1〕 条件付き確率と乗法定理

事象 A の確率 $\Pr\{A\}$（>0）が定義されている場合を考える．この事象 A が起きたという条件の下で，事象 B が発生する確率のことを「条件付き確率」と呼び，つぎのように表される．

$$\Pr\{B|A\} = \frac{\Pr\{A \cap B\}}{\Pr\{A\}}$$

さらにこれを書き直すと，つぎのようになる．

$$\Pr\{A \cap B\} = \Pr\{A\} \times \Pr\{B|A\}$$

これを確率の「乗法定理」という．

〔2〕 独　　　立

事象 B の生起に対して，事象 A が無関係であるとき，あるいは反対に，事象 A の生起に対して，事象 B が無関係であるときに，事象 A と事象 B はたがいに「独立」であるという．

〔3〕 ベイズの定理

$A_1, A_2, \cdots, A_n$ と $B_1, B_2, \cdots, B_n$ がそれぞれたがいに排反であり，また，$A_1 \cup$

$A_2 \cup \cdots \cup A_n = \Omega$ であり,$B_1 \cup B_2 \cup \cdots \cup B_n = \Omega$ であるとする。ここで,$\Pr\{A_i\}$,$i=1, 2, \cdots, n$,および $\Pr\{B_j|A_i\}$,$i=1, 2, \cdots, n$,$j=1, 2, \cdots, m$ が与えられたとき,$\Pr\{A_i|B_j\}$ は

$$\Pr\{A_i|B_j\} = \frac{\Pr\{A_i\}\Pr\{B_j|A_i\}}{\sum_{k=1}^{n}\Pr\{A_k\}\Pr\{B_j|A_k\}}$$

で求められる。これを「ベイズの定理」と呼ぶ。

例題 1.2

車企業3社 A_1,A_2,A_3 の市場占有率はそれぞれ,0.5,0.3,0.2 である。また企業ごとの車に対するクレーム率はそれぞれ,0.15,0.20,0.25 であるという。いま,ある車の欠陥によるクレームがあったと報じられた。その車が A_1 社の車である確率はいくらか。

解 答

クレーム事象を B とすると,$\Pr\{A_1|B\}$ を求めればよい。この確率はベイズの定理よりつぎのように求められる。

$$\begin{aligned}\Pr\{A_1|B\} &= \frac{\Pr\{A_1\}\Pr\{B|A_1\}}{\sum_{k=1}^{n}\Pr\{A_k\}\Pr\{B|A_k\}} \\ &= \frac{0.5 \times 0.15}{0.5 \times 0.15 + 0.3 \times 0.20 + 0.2 \times 0.25} \\ &\fallingdotseq 0.405\end{aligned}$$

解 説

標本空間を,車企業の事象とクレーム事象に分けて考えればよい。ここで,$A_1 \cup A_2 \cup \cdots \cup A_n = \Omega$ であり,$B_1 \cup B_2 \cup \cdots \cup B_m = \Omega$ である。また,n と m は事象 A と B それぞれに含まれる基本事象の数である。そしてベイズの定理に当てはめて求めればよい。

ここで別の例題を用いて条件付き確率についてもう少し考えてみる。

表 1.2 はある病院における患者の喫煙と肺癌の関係を調査したものである。この例を用いて,喫煙者であり,かつ肺癌である確率を求める。いま

A:喫煙するという事象

B：肺癌である事象

とすれば，つぎのように求められる。

$$\Pr\{B|A\} = \frac{\Pr\{A \cap B\}}{\Pr\{A\}} = \frac{0.28}{0.56} = 0.50$$

表1.2 肺癌患者と喫煙者の割合

肺癌＼喫煙	する	しない	合 計
肺癌	0.28	0.12	0.40
肺癌でない	0.28	0.32	0.60
合 計	0.56	0.44	1.00

ここで，「喫煙者で肺癌である確率」と単に「肺癌である確率」を比較してみよう。

「喫煙者で肺癌である確率」は，先に検討したように $\Pr\{B|A\} = 0.50$ である。一方，「肺癌である確率」は $\Pr\{B\} = 0.40$ である。「喫煙者である」という条件が付くと確率の値が異なることがわかる。もし，この二つの値が同じであったらどのようなことになるのだろうか。つまり

$$\Pr\{B|A\} = \Pr\{B\}$$

であったら，事象 B の生起に対して，事象 A は無関係であることになる。このような場合を，「事象 A と事象 B はたがいに独立である」という。

問題 1.3

来店客数は天気に左右される。天気を晴れ，曇り，雨の3種類に分ける。それぞれの天気の発生確率は等しい。また，店が満員になる確率は，晴れの日が 0.7，曇りの日が 0.5，そして雨の日は 0.3 である。ある日，その店が満員であった。その日の天気が雨である確率はいくらか。

課題 1.1

最近，医療事故や病院のサービスの質の低下が社会的な問題になっている。これらの中から題材を見つけて，「ベイズの定理」を用いて答える問題を各自作成し，解答しなさい。

2. 標本データの記述

2.1 平均値，中央値，最頻値

学習項目

- 母集団 (population) と標本 (sample)
- 平均値 (mean)
  - 算術平均値 (arithmetic mean)
  - 幾何平均値 (geometric mean)
  - 調和平均値 (harmonic mean)
- 中央値 (median)
- 最頻値 (mode)

ポイント

われわれはある対象について知りたいと思ったとき，その対象を観測あるいは計測してデータを得ることによって何らかの結論を下している。そのときのデータの分布を特徴付ける記述的な数量の代表的なものの一つが平均値である。平均値はデータの中心的な傾向を示すものである。ここではいろいろな平均値について学ぶとともに，同じように中心的傾向を示す，中央値や最頻値についても学ぶ。

〔1〕 **母集団と標本**

われわれが知りたいと思っている対象のことを「母集団」と呼ぶ。その母集

団から取り出したものが「標本」である。われわれが観測あるいは計測することのできるのは標本であり，母集団全体ではない。しかし標本を調べることで得ようとしている結論の対象は母集団である。

〔2〕 平　均　値

観測されたデータの分布の中心的な傾向を示すものである。

（1）算術平均値

分布の重心であり，つぎのように，データを合計した値をその総数で割って求める。データの分布がある値を境にして左右に同じように散らばっている場合に適している。

$$\bar{X} = \frac{1}{n}\sum_{i=1}^{n} X_i$$

（2）幾何平均値

正値のデータに対してのみ定義され，計算方法はつぎのようになる。データの分布が右に裾を引くような形をしている場合に望ましい平均値である。その他に複利計算のような倍率の平均値を考えるときに使われる。

$$\bar{X}_G = \sqrt[n]{\prod_{i=1}^{n} X_i}$$

（3）調和平均値

速度や，並列につながれた抵抗の電気抵抗値のようにデータの逆数が間隔尺度であるとみなされるときに用いられる。計算方法はつぎのようになる。調和平均値も正値のデータに対してのみ定義される。

$$\bar{X}_H = \frac{n}{\sum_{i=1}^{n}\frac{1}{X_i}}$$

〔3〕 中　央　値

n 個のデータを大きさの順に並べて，$X_{(1)} \leq X_{(2)} \leq \cdots \leq X_{(n)}$ としたとき，以下のようにデータ数が奇数であれば中央のデータを中央値（$\bar{X}_M$）とし，偶数であれば中央の二つの値の中点を中央値と定義する。メジアンともいう。データの大きさの順序さえわかっていれば，算術平均値などのようにすべてのデー

タを計算しなくてもよいのが特徴である。

n：奇数のとき　$\bar{X}_M = X_{\left(\frac{n+1}{2}\right)}$

n：偶数のとき　$\bar{X}_M = \dfrac{1}{2}\left(X_{\left(\frac{n}{2}\right)} + X_{\left(\frac{n}{2}+1\right)}\right)$

〔4〕**最　頻　値**

一組のデータにおいて最大の度数をもつデータを最頻値と定義する。モードともいう。

なお，度数がすべて1のとき「最頻値」はない。また，複数のデータが同じ度数（2以上）をもつ場合にはそれぞれが最頻値となる。

例題 2.1

つぎの7個のデータについて，算術平均値，幾何平均値，調和平均値の3種類の平均値と中央値，最頻値を計算し，それぞれの値を比較しなさい。

$$11.0 \quad 3.0 \quad 6.0 \quad 9.0 \quad 8.0 \quad 4.0 \quad 6.0$$

解　答

$n = 7$

1. 算術平均値

$$\bar{X} = \frac{1}{n}\sum_{i=1}^{n} X_i = \frac{1}{7} \times 47.0 = 6.71$$

2. 幾何平均値

$$\bar{X}_G = \sqrt[n]{\prod_{i=1}^{n} X_i} = \sqrt[7]{11 \times 3 \times 6 \times \cdots \times 6} = \sqrt[7]{342\ 144} \fallingdotseq 6.17$$

3. 調和平均値

$$\bar{X}_H = \frac{n}{\sum_{i=1}^{n}\dfrac{1}{X_i}} \fallingdotseq \frac{7}{1.244} \fallingdotseq 5.63$$

4. 中央値

$\bar{X}_M = 6.0$

5. 最頻値

モード $= 6.0$

解　説

通常，平均値というと算術平均値のことを指す。いま，身長や時間などを表

す変数を X とし，n 個のデータが得られたとする．そのとき，算術平均値 $\bar{X}$，幾何平均値 $\bar{X}_G$，そして調和平均値 $\bar{X}_H$ はそれぞれつぎの計算式から求められる．

$$\bar{X} = \frac{1}{n}\sum_{i=1}^{n} X_i = \frac{1}{n}(X_1 + X_2 + \cdots + X_n)$$

$$\bar{X}_G = \sqrt[n]{\prod_{i=1}^{n} X_i} = \sqrt[n]{X_1 \times X_2 \times \cdots \times X_n}$$

$$\bar{X}_H = \frac{n}{\sum_{i=1}^{n}\frac{1}{X_i}} = \frac{1}{\frac{1}{n}\left(\frac{1}{X_1} + \frac{1}{X_2} + \cdots + \frac{1}{X_n}\right)}$$

また，これら三つの平均値の間にはつぎの大小関係がある．

$$\bar{X}_H \leq \bar{X}_G \leq \bar{X}$$

問題 2.1

つぎのデータについて算術平均値，幾何平均値，調和平均値の3種類の平均の値を計算しなさい．

2.0　5.0　6.0　6.0　8.0　9.0　11.0

問題 2.2

つぎの a), b) の組のデータについてそれぞれ，算術平均値，中央値，そして最頻値を計算しなさい．

a)　4　5　2　6　5　10　5　3　8　6
b)　41.6　38.7　40.3　39.5　38.9

課題 2.1

つぎの表2.1のデータは，ある年代に属する100人の身長〔cm〕のデータである．また，表2.2はある店舗前を一定時間内に通過する車両台数〔台〕を100回観測し，その1回ごとの台数を記録したものである．二つのデータに対して，算術平均値，幾何平均値，調和平均値そして中央値を計算しなさい．さらに，データの特徴を考察し，いずれの平均値を使うべきか示しなさい．

2.1 平均値，中央値，最頻値

表 2.1　100 人の身長のデータ〔cm〕

176	147	182	173	160	179	155	155	207	171
173	161	167	188	156	177	160	189	153	161
199	180	168	186	160	180	212	192	173	174
174	158	163	176	165	153	151	172	174	176
178	161	193	161	165	196	190	163	157	168
181	183	170	170	173	178	189	165	182	186
179	196	175	167	176	168	186	185	185	157
170	199	186	180	177	195	159	165	188	185
179	162	153	173	166	191	177	174	182	162
191	172	182	173	189	183	187	174	174	182

表 2.2　車両通過台数のデータ〔台〕

5	48	18	24	46	33	15	39	30	28
77	26	24	117	91	40	28	35	49	58
20	65	22	50	43	6	60	49	18	32
34	44	8	15	53	20	34	8	22	41
32	25	17	25	23	11	9	3	37	31
79	33	56	59	37	25	8	90	91	26
75	24	40	16	22	110	15	18	29	24
49	30	104	43	20	22	83	16	18	153
59	1	30	118	74	31	53	13	29	32
27	74	38	30	16	24	30	33	9	35

挑戦課題 2.1

$$A(t) = \left[\int_0^\infty x^t \, dF(x) \right]^{1/t}, \quad x > 0$$

で表される関数 $A(t)$ を考える。また $A(t)$ はつぎの関係が成り立つ．

$$A(t_1) \geq A(t_2), \quad \text{ただし } t_1 > t_2$$

この関数 $A(t)$ と下に示した Jensen の不等式を利用して，算術平均値＞幾何平均値＞調和平均値　の大小関係を説明しなさい．

参考：Jensen の不等式（Jensen's inequality）

$z \geq 0$, $h(z)$ は凸関数のとき　$\int_0^\infty h(z) \, dF(z) \geq h\left(\int_0^\infty z \, dF(z) \right)$

2.2 標本標準偏差と積率

学習項目

・分散（variance）と標準偏差（standard deviation）
・不偏分散（unbiased estimate of population variance）
・標本標準偏差（sample standard deviation）
・積率（moment）
・標本ヒズミ（sample skewness）と標本トガリ（sample kurtosis）
・変動係数（coefficient of variation）

ポイント

観測されたデータの分布を特徴付ける記述的な数量の代表的なものの中で，ここではデータの分布のバラツキ度合いを示す分散と標準偏差，さらに分布の非対称性を示すヒズミや尖度を示すトガリなどについて学ぶ。

〔1〕 分散と標準偏差

「分散」も「標準偏差」も，ともにデータのバラツキの度合いを表す量である。以下に示すように分散の定義は変動（偏差平方和）をデータの総数で割った形になる。標準偏差はその分散の平方根である。したがって，標準偏差もデータのバラツキを表す量である。

$$\text{分散}：\frac{1}{n}\sum_{i=1}^{n}(X_i-\bar{X})^2, \quad \text{標準偏差}=\sqrt{\text{分散}}$$

〔2〕 不 偏 分 散

つぎのように，変動（偏差平方和）を，データの自由度である $n-1$ で割ったものが「不偏分散」である。これはデータのバラツキを表すと同時に，そのデータが得られた母集団のバラツキの推定値でもある。用いたデータが母集団のすべてであるときは〔1〕に示した分散の計算方法でよいが，母集団の一部のデータを用いて母集団のバラツキの推定を行う場合には，この不偏分散を用

いる。もちろん，n が大きくなると両者の値は無視できるほど小さくなる。

$$\frac{1}{n-1}\sum_{i=1}^{n}(X_i-\bar{X})^2$$

> **参考**：不偏分散の不偏とは，不偏推定量（unbiased estimator）を意味するものである。この推定量の平均は，求めたい母数に一致する。
> 　自由度（digrees of freedom）は，総計が決まっている中で，独立に動けるデータの個数のようなものである。

〔3〕 **標本標準偏差**

母集団の分布のバラツキ度合いを表す推定値であり，不偏分散の平方根である。

〔4〕 **積　　率**

分布の形状を特徴づける大切な量である。

各データ X_i と平均（値）$\bar{X}$ の差（距離）$X_i-\bar{X}$ を用いて，「平均 $\bar{X}$ の周りの r 次の積率 m_r」は，つぎのように表される。

$$m_r=\frac{1}{n}\sum_{i=1}^{n}(X_i-\bar{X})^r$$

例えば，m_2 は分散である。また，「原点の周りの r 次の積率 m_r'」は，各データと原点の差 $(X_i-0)^r$ の平均であるので，つぎのように表すことができる。

$$m_r'=\frac{1}{n}\sum_{i=1}^{n}X_i^r$$

平均は，原点の周りの1次の積率である。つまり平均は次式となる。

$$\bar{X}(=m_1')=\frac{1}{n}\sum_{i=1}^{n}(X_i-0)^1=\frac{1}{n}\sum_{i=1}^{n}X_i$$

以後特に「値」を強調する必要がない場合には，平均値を単に平均と呼ぶ。

〔5〕 **標本ヒズミと標本トガリ**

ヒズミ α_3 は分布の非対称の度合いを表す量である。また，トガリ α_4 は分布の中心方向への集中の度合いを表す量であり，尖度とも呼ばれる。標本からそのヒズミとトガリを推定するために用いられるのが，「標本ヒズミ」と「標本

トガリ」である。それぞれ計算式はつぎのように定義される。

$$\alpha_3 = \frac{m_3}{m_2^{3/2}}, \quad \alpha_4 = \frac{m_4}{m_2^2}$$

図2.1に示すように，ヒズミの値が正（負）でその絶対値が大きいほど，分布が右（左）に裾が長いことを示す。

一方のトガリは，図2.2に示すように値が大きい程，中心が高い分布であることを表している。なお，正規分布は $\alpha_3 = 0$, $\alpha_4 = 3$ である。

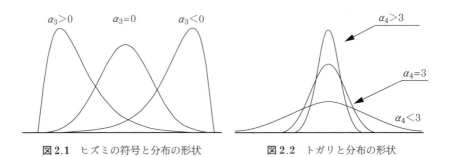

図2.1 ヒズミの符号と分布の形状　　図2.2 トガリと分布の形状

〔6〕 変 動 係 数

変動係数は，平均と標準偏差を同時に用いて，母集団の全体的な特徴を表すものである。

平均が大きな値の場合には，標準偏差の値も大きくなる。そこで「変動係数 cv」は，つぎのように母集団の「母標準偏差 σ」と「母平均 μ」との比率で表し，通常この値を100倍した百分率で表示する。ここで，母標準偏差および母平均は，知りたいと考える対象全体である「母集団」の標準偏差と平均である。変数の単位が異なり一見異なる分布のように見えるものでも，変動係数の値は近いことがある。

$$cv = \frac{\sigma}{\mu}$$

一般に母集団すべての要素を調べて σ および μ を得ることはできないので，つぎのようにこれらを標本の標準偏差（s：不偏分散の平方根）と標本の平均

$\overline{X}$ でおきかえる。
$$cv = \frac{s}{\overline{X}}$$

例えば，一般的な 100 点満点の試験では，経験的に平均は 60 点から 70 点，標準偏差は 15 点前後である。このときの変動係数は 20〜25% となる。これが難しい試験の場合には平均点が低くなり，40 点から 50 点程度になってしまう。仮にそのとき標準偏差が同じく 15 点前後だとすると，変動係数は 30% から 40% といった値になる。

例題 2.2

つぎのデータについて，計算が容易になるように工夫（データ変換）して平均を求め，さらに標本標準偏差を計算しなさい。

3.1　2.4　4.0　2.8　3.6　2.9

解　答

1. 標本平均の計算

計算を簡単に行うことを考える。なお，前節では一般的な意味で「平均」という言葉を用いたが，ここでは「標本が計測して得られたデータを用いて計算されている」ことを意識して，これを「標本平均」と呼ぶ。

いまデータを X としたとき，このデータの真ん中あたりの値（仮平均）を適当に決める。データは一見して 3.0 の周りにおよそ散らばっているので，ここでは 3.0 とする。そこで $Y = (X - 3.0) \times 10$ という変換を考える。すると標本平均 $\overline{X}$ は，この Y を用いてつぎのようになる。

$$\begin{aligned}\overline{X} &= 3.0 + \frac{1}{6}\sum_{i=1}^{6} Y_i \times \frac{1}{10} \\ &= 3.0 + 0.1\dot{3} \\ &= 3.1\dot{3}\end{aligned}$$

2. 標本標準偏差の計算

まず，Y についての偏差平方和（sum of squares）S_Y を求める。

$$\begin{aligned}S_Y &= \sum_{i=1}^{n}(Y_i - \overline{Y})^2 \\ &= \sum_{i=1}^{n} Y_i^2 - \frac{1}{n}\left(\sum_{i=1}^{n} Y_i\right)^2\end{aligned}$$

$$= 178 - \frac{1}{6} \times 8^2$$
$$= 167.\dot{3}$$

つぎに，不偏分散 V_Y を求める。

$$V_Y = \frac{1}{n-1} S_Y = 33.4\dot{6}$$

この V_Y を用いて X についての標本標準偏差 s を求める。

$$s = \sqrt{\frac{V_Y}{10^2}} = 0.58$$

解説

2.1 節でも述べたように，平均は次式のように求められる。

$$\overline{X} = \frac{1}{n} \sum_{i=1}^{n} X_i = \frac{1}{n}(X_1 + X_2 + \cdots + X_n)$$

計算を行う前に，例題 2.2 のように，データどうしが近い値のときは，仮平均となる X_0 を決め，桁数を調整すると計算がしやすくなる。そしてデータを変換した場合の標本平均の求め方はつぎのように書き直せる。

$$\overline{X} = X_0 + \frac{1}{n} \left\{ \sum_{i=1}^{n} (X_i - X_0) \times h \right\} \times \frac{1}{h}$$

ここで，X_0 は仮平均，h は桁数を調節するために掛けた数，n はデータの数（標本の大きさ）である。

一方，標本標準偏差は不偏分散の平方根である。不偏分散は偏差平方和 S_X を自由度 $n-1$ で割ったものである。したがって，標本標準偏差 s は次式となる。

$$s = \sqrt{\frac{1}{n-1} \left\{ \sum_{i=1}^{n} X_i^2 - \frac{1}{n}\left(\sum_{i=1}^{n} X_i\right)^2 \right\}}$$

ここで，偏差平方和は定義式である $S_X = \sum_{i=1}^{n}(X_i - \overline{X})^2$ で計算してもよい。

例題 2.3

つぎのデータについて，標本ヒズミと標本トガリを計算しなさい。

2.0　5.0　6.0　7.0　9.0　3.0　4.0　7.0　6.0　5.0

解 答

まず，標本平均 $\bar{X}$ と平均の周りの 2 次，3 次，そして 4 次の積率（それぞれ，m_2, m_3, m_4）を求める。

$$\bar{X} = \frac{1}{10} \times 54 = 5.4$$

$$m_2 = \frac{1}{n}\sum_{i=1}^{n}\left(X_i - \bar{X}\right)^2 = \frac{1}{10} \times 38.4 = 3.84$$

$$m_3 = \frac{1}{n}\sum_{i=1}^{n}\left(X_i - \bar{X}\right)^3 = \frac{1}{10} \times (-0.72) \fallingdotseq -0.07$$

$$m_4 = \frac{1}{n}\sum_{i=1}^{n}\left(X_i - \bar{X}\right)^4 = \frac{1}{10} \times 352.0 = 35.20$$

一方，標本ヒズミ α_3 および標本トガリ α_4 は定義式よりつぎのようになる。

$$\alpha_3 = \frac{m_3}{m_2^{3/2}} = \frac{-0.07}{3.84^{3/2}} \fallingdotseq -0.01$$

$$\alpha_4 = \frac{m_4}{m_2^2} = \frac{35.20}{3.84^2} \fallingdotseq 2.39$$

解 説

先にも述べたようにヒズミ α_3 は分布の非対称の度合いを表す量で，トガリ α_4 は分布の中心方向への集中の度合いを表す量であった。例えば正規分布の場合にはそれぞれ，$\alpha_3 = 0$ および $\alpha_4 = 3$ となる。そこで，トガリでは対称分布である正規分布をある種の基準とみて，3 を引いた値 $\alpha_4 - 3$ を用いて，正規分布からのズレの度合いとして用いることもある。この例の場合には，データの分布が正規分布に近い形をしていることを示していることがわかる。

問題 2.3

つぎの a), b) のデータについて，標本平均，標本標準偏差，標本ヒズミ，標本トガリを計算しなさい。b) については計算が容易になるようにデータを変換してから計算しなさい。

a) 31　25　19　36　30　20　25　40　34
b) 0.10　0.05　0.12　0.07　0.04　0.06　0.08　0.09　0.07

課題 2.2

ヒズミの値が 0 からかけ離れるような母集団とはどのようなものか，例を挙

げて説明しなさい。

課題 2.3

解説にあった試験問題の難易度のように，身近な事柄から母集団を示し，その母集団の特徴について変動係数の観点から説明しなさい。

2.3 度数分布表とヒストグラム

学習項目

- 度数分布表（frequency distribution table）
- ヒストグラム（histogram）
- 数値の丸め方（JIS Z 8401：Rules for Rounding off of Numerical Values）

ポイント

比較的数の多いデータのバラツキ（分布）や中心的傾向などを視覚的にわかりやすく説明することは重要である。まずここでは，視覚的に説明する代表的な方法として，度数分布表とヒストグラムについて学ぶ。さらに，データの桁の表示方法や丸め方についても学ぶ。

〔1〕 度 数 分 布 表

データを大きさの順に並べて，いくつかの範囲（階級またはクラス）に分け，その階級に属するデータの数（度数）を数えて表にしたものである。

〔2〕 ヒストグラム

バラツキの分布状態や中心的傾向を示すために，横軸にデータ区間をとり，縦軸に度数分布表の度数の値（頻度）を表示したものである。

〔3〕 数値の丸め方（JIS Z 8401）

ある数値を，有効数字（0 でない最高位の数字の位から数えたもの）n 桁の数値に丸める方法のことをいう。

有効数字（0 でない最高位の数字の位から数えたもの）n 桁の数値に丸める

場合，または小数点以下 n 桁の数値に丸める場合には，$n+1$ 桁目以下の数値を，つぎのようにする．

(1) $n+1$ 桁目以下の数値が，n 桁目の 1 単位の 1/2 未満の場合には切り捨てる．

例：2.23 を，有効数字 2 桁に丸めれば，2.2 となる．

(2) $n+1$ 桁目以下の数値が，n 桁目の 1 単位の 1/2 を超える場合には，n 桁目を 1 単位だけ増す．

例：2.26 を，有効数字 2 桁に丸めれば，2.3 となる．

(3) $n+1$ 桁目以下の数値が，n 桁目の 1 単位の 1/2 であることがわかっているか，または $n+1$ 桁目以下の数値が切り捨てたものか切り上げたものかがわからない場合には，①または②のようにする．

① n 桁目の数値が，0, 2, 4, 6, 8 ならば，切り捨てる．

例：0.205（この数値の有効数字 3 桁目が正しく 5 であることがわかっているか，または切り捨てたものか切り上げたものかがわからないとする）を，有効数字 2 桁に丸めれば，0.20 となる．

② n 桁目の数値が，1, 3, 5, 7, 9 ならば，n 桁目を 1 単位だけ増す．

例：2.35（この数値の有効数字 3 桁目が正しく 5 であることがわかっているか，または切り捨てたものか切り上げたものかがわからないとする）を，有効数字 2 桁に丸めれば，2.4 となる．

(4) $n+1$ 桁目以下の数値が，切り捨てたものか切り上げたものかがわかっている場合には，(1)または(2)の方法によらなければならない．

例：2.35（この数値の有効数字 3 桁目が切り上げられて 5 になったことがわかっているとする）を，有効数字 2 桁に丸めれば，2.3 となる．

例題 2.4

50 人の身長〔cm〕を測定した結果，表 2.3 のデータを得た．これより度数分布表を作成し，それを利用して標本平均 $\bar{X}$ と標本標準偏差 s を計算しなさい．さらに，ヒストグラムを作成しなさい．

2. 標本データの記述

表 2.3 50人の身長のデータ〔cm〕

180.2	152.3	164.1	173.5	162.8
175.6	158.4	168.9	149.3	162.4
179.0	172.8	193.3	167.5	161.5
168.4	180.8	181.3	154.9	162.6
185.2	161.4	172.4	175.4	158.8
176.0	182.0	155.6	179.4	156.2
168.7	181.5	163.2	165.1	168.0
173.2	174.2	186.1	179.0	176.0
171.4	165.3	171.1	171.3	153.3
189.3	173.0	180.6	168.9	176.2

【解 答】

例えば，度数分布表はつぎの**表 2.4**のようになる。

つぎに表 2.4 の X_i（中央の値）と f_i（度数）を用いて，標本平均と標本標準偏差を求める。

表 2.4 度数分布表

No	級	X_i（中央の値）	f_i（度数）
1	145（以上）～150（未満）	147.5	1
2	150 ～ 155	152.5	3
3	155 ～ 160	157.5	4
4	160 ～ 165	162.5	7
5	165 ～ 170	167.5	8
6	170 ～ 175	172.5	9
7	175 ～ 180	177.5	8
8	180 ～ 185	182.5	6
9	185 ～ 190	187.5	3
10	190 ～ 195	192.5	1
	計		50

$$\overline{X} = \frac{1}{n}\sum_{i=1}^{k} X_i f_i = \frac{1}{50}\sum_{i=1}^{10} X_i f_i$$

$$= \frac{1}{50} \times 8\,535$$

$$= 170.7$$

$$s = \sqrt{\frac{1}{n-1}\left\{\sum_{i=1}^{k} X_i^2 f_i - \frac{1}{n}\left(\sum_{i=1}^{k} X_i f_i\right)^2\right\}}$$

$$= \sqrt{\frac{1}{49}\left\{\sum_{i=1}^{10} X_i^2 f_i - \frac{1}{50}\left(\sum_{i=1}^{10} X_i f_i\right)^2\right\}}$$

$$= \sqrt{\frac{1}{49}\left\{1\,462\,263 - \frac{1}{50} \times 8\,535^2\right\}}$$
$$= 10.4$$

一方，ヒストグラムは表 2.4 の度数を用いて図 2.3 のようになる。

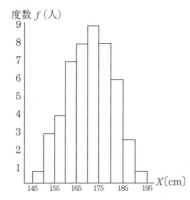

図 2.3 例題 2.4 の
ヒストグラム

解説

度数分布表およびヒストグラムの級の数 k はおよそデータ数の平方根程度がよい。また級間隔 h はデータの広がりを k で割ったものになる。

いま

n ：データ数（標本の大きさ）

X_i ：データ

$X_{(i)}$ ：順序統計量（$X_{(1)} \leqq X_{(2)} \leqq \cdots \leqq X_{(n)}$）

$X_{(n)}$ ：最大値

$X_{(1)}$ ：最小値

とすると，k と h はそれぞれつぎのようになる。

$$k \fallingdotseq \left[\sqrt{n}\,\right], \quad h \fallingdotseq \frac{X_{(n)} - X_{(1)}}{k}$$

> **参考**：級の数 k を決定する別の方法としてスタージェスの公式（Sturges's formula）がある。
>
> $$k \fallingdotseq 1 + \frac{\log_{10} n}{\log_{10} 2}$$

実際には，k と h はこの計算で得られた値の付近で，以後の計算で扱いやすい値に決めればよい。

この度数分布表を利用して，簡便に標本平均，標本標準偏差，標本ヒズミそして標本トガリを計算することができる。もちろんデータによっては，あらかじめデータを変換しておき，計算しやすいようにしておくことも重要である。

いま，X_i を各級の中央の値とし，f_i を各級の度数とすると平均と標本標準偏差はつぎのように計算される。

$$\bar{X} = \frac{1}{n}\sum_{i=1}^{k} X_i f_i$$

$$s = \sqrt{\frac{1}{n-1}\left\{\sum_{i=1}^{k} X_i^2 f_i - \frac{1}{n}\left(\sum_{i=1}^{k} X_i f_i\right)^2\right\}}$$

また，積率はつぎのようになる。

$$m_r = \frac{1}{n}\sum_{i=1}^{k}(X_i - \bar{X})^r f_i$$

この m_r を用いて，a_3, a_4 を計算することができる。

ここで，例題 2.4 の問題で度数分布表を利用して求めた標本平均および標本標準偏差と，度数分布表を利用せずに 50 個の標本からそのまま求めた値を比較すると**表 2.5** のようになる。どちらで計算しても標本平均も標本標準偏差の値はそれほど変わらないことがわかる。

表 2.5　度数分布表の利用の有無による比較

度数分布表	標本平均	標本標準偏差
利用した場合	170.7	10.4
利用しない場合	170.5	10.0

問題 2.4

表 2.6 のデータは 50 人の総コレステロール値〔mg/dl〕を調べたものである。度数分布表を作成し，それを利用して簡便に標本平均と標本標準偏差を計算しなさい。さらに，ヒストグラムを作成しなさい。

表 2.6　50 人の総コレステロール値〔mg/dl〕

191	160	174	184	172
186	167	179	157	172
197	183	206	177	171
178	192	197	185	172
197	170	183	186	179
202	198	164	190	165
179	194	173	175	178
183	185	176	190	191
182	175	179	181	162
195	183	192	179	174

問題 2.5

つぎの数値を，各条件に従い丸めた値にしなさい．

a)　1.295 7 を有効数字 3 桁に．

b)　0.063 5（小数点以下 4 桁目が正しく 5 とわかっているか，または切り捨てたものか切り上げたものかわからない）を小数点以下 3 桁に．

c)　4.185（これは 4.185 3 を切り捨てたことがわかっている）を小数点以下 2 桁に．

3. 乱数と主要な確率分布

3.1 乱数の作り方

学習項目

- 乱数（random number）
- 擬似乱数（pseudo random number）
- 一様乱数（uniformly random number）
- 平方採中法（midsquare method）
- 合同法（congruence method）

ポイント

　さまざまな検討課題を扱う場合には，実際のデータを用いて統計的に検討することが難しいことがある。そこで，検討したいモデルを想定して，データを自由に作り出して実験することが必要になる。このような方法を一般にモンテカルロシミュレーションという。その際に必要となるのが擬似乱数である。ここでは，その擬似乱数の作り方について学ぶ。

〔1〕乱　　　数

　完全に不規則に並んだ数字の列のことをいう。前後の数字の関係がなく，数字の並び方はまったく予測ができない。

〔2〕擬　似　乱　数

　乱数のように見えるが，実際には確定的な計算によって求めている数列のこ

とをいう。一見ではわからない並び方の規則や周期的な繰り返しが存在する。

〔3〕一 様 乱 数

ある有限の区間を区切って，その区間内ですべての実数が同じ確率で現れるような乱数のことである。コンピュータで擬似乱数を発生させ，各数値の前に小数点をつけて区間 $[0, 1)$ 内に数値が，等確率で割り当てられるようにした数列を，区間 $[0, 1)$ 上の擬似一様乱数と呼ぶ。

〔4〕平 方 採 中 法

Von Neumann により開発された古典的な擬似一様乱数の作り方である。まず，n 桁の任意の数 X_0 を初期値とする。そしてこの値を 2 乗し，その結果の先頭に"0"を補い $2n$ 桁に整えたうえで，中央の n 桁の数を X_1 とする。つぎに X_1^2 の中央の n 桁の数を X_2 とする。平方採中法は順次これを繰り返して n 桁の擬似乱数列を作る方法である。

〔5〕合 同 法

平方採中法の代わりによく使われる擬似乱数発生法である。この方法はつぎのとおりである。

$$X_{n+1} \equiv a \cdot X_n + c \pmod{m}, \quad X > 0, \quad a, m > 0, \quad c \geqq 0$$

この式は，X_n を a 倍して c を加え，それを m で割った余り（商は整数）を X_{n+1} とすることを意味している。

ここで，"mod"は，商が整数であるときの余りを求める演算記号である。なお合同法の場合には，最初の項の数値は使わない方がよい。また，周期には十分注意しなくてはならない。

例題 3.1

平方採中法を用いて擬似一様乱数を作りなさい。ただし，$n=4$，$X_0=3579$ として擬似乱数を $X_1 \sim X_5$ まで 5 個作りなさい。

解 答

表 3.1 に示す。

表 3.1 平方採中法の計算例

i	X_i	X_i^2
0	3579	12 8092 41
1	8092	65 4804 64
2	4804	23 0784 16
3	0784	00 6146 56
4	6146	37 7733 16
5	7733	59 7992 89

解 説

この方法は比較的簡単な方法であるが,周期がはっきりしないことや,乱数が 0 になる可能性があるという欠点を持っている。

問題 3.1

合同法〔$X_{n+1} \equiv a \cdot X_n + c \pmod{m}$〕を用いて,つぎの組合せのものについて,それぞれ擬似乱数を $X_1 \sim X_5$ まで作りなさい。

a) $X_0=1$, $a=13$, $c=0$, $m=15$
b) $X_0=1$, $a=23$, $c=0$, $m=25$
c) $X_0=1$, $a=33$, $c=0$, $m=35$

問題 3.2

平方採中法により作られる擬似乱数を X として,区間 $[0,1)$ 上の擬似一様乱数を下の組に対して 50 個ずつ $(X_1, X_2, \cdots, X_{50})$ 作り一覧表にし,さらに区間 $[0,1)$ を 10 階級に分け度数分布表を作りなさい。そして,この作成方法の欠点を考察しなさい。

a) $n=4$, $X_0=9999$
b) $n=4$, $X_0=2468$

課題 3.1

擬似乱数を使って円周率 π (3.141 592 6…) を求める方法を考えなさい。また自分で作成した擬似乱数を使って実際に π の値を小数点以下第 2 位まで求

め，数値を比較して，この擬似乱数の作成方法について考察しなさい．

3.2 主要な確率分布

学習項目

- 確率変数（random variable）
- 確率分布（probability distribution）
  - 二項分布（binomial distribution）
  - 正規分布（normal distribution）
- 離散確率変数（discrete random variable）
- 確率関数（probability function：pf）
- 連続確率変数（continuous random variable）
- 累積分布関数（cumlative distribution function：cdf）
- 確率密度関数（probability density function：pdf）
- 期待値（expectation）
- チェビシェフの不等式（Chebyshev's inequality）

ポイント

　事象の発生確率や母集団の様子を知るためには，標本空間の各要素がどのように散らばっているのかを知ることが重要である．ここでは，その基礎となる確率変数とその周辺の知識について学ぶとともに，統計解析で主要とされるいくつかの確率分布について学ぶ．なお，確率分布については付録においてさらに詳しく示す．

〔1〕 確 率 変 数

　「確率変数 X」とは，標本空間 Ω 上で定義された実数値をとる関数のことである．

〔2〕 確 率 分 布

　「確率分布」とは，確率変数のおのおのの値に対してその起こりやすさを記

述するものである。確率分布には，離散型と連続型のものがある。サイコロを投げたときに出る目の数字など，確率変数が離散的な値をとる場合の確率分布は離散型確率分布である。一方，人の体重や身長，あるいは製品の寿命など，確率変数が連続的な値をとる場合の確率分布は連続型確率分布である。確率変数の従う確率分布が与えられると，その変数に関する確率，期待値，分散などが計算できる。

〔3〕 **離散確率変数と確率関数**

標本空間が，個数や人数のような整数（離散データ）と1対1に対応付けられる要素を含んでいて，その中で定義されるのが「離散確率変数」である。離散確率変数 X が，$x_1, x_2, \cdots$ の値をとるとき「確率関数 $p(x_i)$」は，$p(x_i) = \Pr\{X = x_i\}$ と書く。

〔4〕 **連続確率変数**

実数値のように，1対1に対応付けられない無限個の要素を含んでいる中で標本空間が定義されるのが「連続確率変数」である。

〔5〕 **累積分布関数と確率密度関数**

「累積分布関数 $cdf : F(x)$」は，確率変数 X に対してつぎのように定義される。

$$F(x) = \Pr\{X \leq x\}$$

そしてつぎの性質がある。

(1) $F(-\infty) = 0, \quad F(+\infty) = 1$

(2) $x_1 \leq x_2$ ならば $F(x_1) \leq F(x_2)$

(3) $F(x) = \Pr\{X \leq x\}$ で定義されるときは，$F(x)$ は連続（右連続）である。

また，確率変数 X が，連続確率変数のときにはどこでも連続である。さらに「確率密度関数 $pdf : f(x)$」との間につぎの関係が成り立つ。

$$F(x) = \int_{-\infty}^{x} f(y) \, dy, \quad f(x) = \frac{dF(x)}{dx}$$

〔6〕期　待　値
（1） 期待値の定義

測定値に対して定義された平均などは確率変数に対しても同様に考えることができる。いま，確率変数 X が離散確率変数のとき，「期待値 $E[X]$」はつぎのように定義する。

$$E[X] = \sum_i x_i p(x_i)$$

一般に X の関数 $g(X)$ の期待値は $E[g(x)]$ と書き，つぎのように定義される。

$$E[g(x)] = \sum_i g(x_i) p(x_i)$$

一方，確率変数 X が連続変数であり，その密度関数が $f(x)$ で表されるとき，離散確率変数のときと同じように，確率変数 X および関数 $g(x)$ の期待値はつぎのように定義される。

$$E[X] = \int_{-\infty}^{\infty} x f(x) dx$$

$$E[g(x)] = \int_{-\infty}^{\infty} g(x) f(x) dx$$

（2） 離散確率変数と期待値

確率関数を $p(x)\left(\sum_{i=1}^{n} p(x_i) = 1\right)$ としたとき，原点の周りの r 次の積率と，平均 μ の周りの r 次の積率はそれぞれつぎのように定義される。

原点の周りの r 次の積率

$$E[X^r] = \sum_{i=1}^{n} x_i^r p(x_i)$$

平均 μ の周りの r 次の積率

$$E[(X-\mu)^r] = \sum_{i=1}^{n} (X_i - \mu)^r p(x_i)$$

参考：通常，確率変数 X とその実現値 x のように，大文字と小文字で区別している。

次式は代表的な離散分布として知られている二項分布の確率関数である。
$$p(x) = {}_nC_x p^x (1-p)^{n-x}$$
これより，母平均と母分散を表す式は，それぞれつぎの式(3.1)と式(3.2)となる。

$$\mu = E[X] = \sum_{i=1}^{n} x_i p(x_i) = np \tag{3.1}$$

$$\sigma^2 = V[X] = E[(X-\mu)^2]$$
$$= \sum_{i=1}^{n} (x_i - \mu)^2 p(x_i) = np(1-p) \tag{3.2}$$

(3) **連続確率変数と期待値**

連続確率変数を X，確率密度関数を $f(x)$ とすると，連続確率変数の場合の母平均と母分散の定義式は，それぞれつぎの式(3.3)と式(3.4)となる。

$$\mu = E[X] = \int_{-\infty}^{\infty} x f(x) \, dx \tag{3.3}$$

$$\sigma^2 = V[X] = E[(X-\mu)^2] = \int_{-\infty}^{\infty} (x-\mu)^2 f(x) \, dx \tag{3.4}$$

前節の3.1で学習した乱数は，つぎの確率密度関数 $f(x)$ を持つ一様分布に従っている。

$$f(x) = \begin{cases} 1, & 0 \leq x \leq 1 \\ 0, & その他 \end{cases}$$

また累積分布関数は

$$F(x) = \begin{cases} 1, & x > 1 \\ x, & 0 \leq x \leq 1 \\ 0, & x < 0 \end{cases}$$

となる。そして，式(3.3)および式(3.4)から，平均 $E[X]$ と分散 $V[X]$ はそれぞれつぎのようになる。

$$E[X] = \int_{-\infty}^{\infty} x f(x) \, dx = \int_{0}^{1} x \, dx = \frac{1}{2}$$

$$V[X] = \int_{-\infty}^{\infty} (x-\mu)^2 f(x) \, dx = \int_{0}^{1} \left(x - \frac{1}{2}\right)^2 dx = \frac{1}{12}$$

なお，つぎの関係が成り立つことは明らかである。
① $E[1]=1$
② $E[ag(x)+bh(x)]=aE[g(x)]+bE[h(x)]$，
　a, b は定数，$g(x)$ と $h(x)$ は確率変数 X の関数

（4）　期待値のいくつかの性質

ここで，期待値についていくつかの性質を整理しておく。ただし，a, b は定数とする。
① $E[a]=a$
② $E[aX+b]=aE[X]+b$
③ $V[X]=E[X^2]-(E[X])^2$
④ $V[a]=0$
⑤ $V[aX]=a^2 V[X]$
⑥ $V[aX+bY]=a^2 V[X]+b^2 V[Y]+2\,abCov[X, Y]$
⑦ $Cov[X, Y]=E[(X-E[X])(Y-E[Y])]$
　　　　　　$=E[XY]-E[X]E[Y]$
⑧ X, Y が独立ならば
　$E[XY]=E[X]E[Y]$
　$V[X+Y]=V[X]+V[Y]$

> **参考：共分散（covariance）**
> 　X と Y の共分散 $Cov[X, Y]$ とは，X と Y の関係の強さを測る量のことである。X と Y が独立ならば，$Cov[X, Y]=0$ となる。

〔7〕チェビシェフの不等式

確率変数 X がいかなる分布をもつものであろうとも，その平均値が μ，標準偏差が σ であるとき，任意の定数 $\lambda>0$ に対して

$$\Pr\{|X-\mu|\geqq\lambda\sigma\}\leqq\frac{1}{\lambda^2}$$

が成り立つ。

証 明

$$\sigma^2 = E[(X-\mu)^2] = \int_{-\infty}^{\infty}(x-\mu)^2 f(x)\,dx$$

$$\geqq \int_{-\infty}^{\mu-\lambda\sigma}(x-\mu)^2 f(x)\,dx + \int_{\mu+\lambda\sigma}^{\infty}(x-\mu)^2 f(x)\,d$$

$$\geqq (\lambda\sigma)^2\left\{\int_{-\infty}^{\mu-\lambda\sigma} f(x)\,dx + \int_{\mu+\lambda\sigma}^{\infty} f(x)\,dx\right\} = (\lambda\sigma)^2 \Pr\{|X-\mu|\geqq\lambda\sigma\}$$

よって，$\Pr\{|X-\mu|\geqq\lambda\sigma\}\leqq\dfrac{1}{\lambda^2}$　　　　　　　　　　　　*QED*

例 題 3.2

二つのサイコロを同時に投げて出た目の数の和を Y（$2\leqq Y\leqq 12$）とする。これを n 回繰返したとき，ある Y の値が X 回（$1\leqq X\leqq n$）出現する確率を求めたい。いま，$n=6, Y=9$ としたとき，X のそれぞれの値に対する確率を計算しなさい。

解 答

まず，目の数の和（Y）が 9 となる確率は

$$\Pr\{Y=9\} = \frac{4}{36}$$
$$= \frac{1}{9}$$

である。したがって Y となる回数を X としたとき，n 回のうち x 回 "9" となる確率は次式で表せる。

$$p(x) = \Pr\{X=x\} = {}_nC_x\left(\frac{1}{9}\right)^x\left(1-\frac{1}{9}\right)^{n-x}$$

この式が「二項分布」の確率関数である。

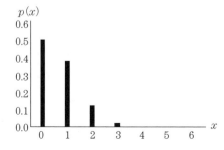

図 3.1　確率関数の値
（例題 3.2）

3.2 主要な確率分布

したがって $\Pr\{X=x\}$, $(x=0, 1, \cdots, 6)$ の値は，それぞれつぎのようになる。
各 x の値に対する確率関数の値をグラフにしたのが図 3.1 である。

例題 3.3

確率変数 X が「正規分布」$N(\mu, \sigma^2)$ に従うとき，つぎの値を計算しなさい。

a)　$\Pr\{X \geq 2\sigma + \mu\}$

b)　$\Pr\{-1.5\sigma + \mu \leq X < 0.5\sigma + \mu\}$

c)　$\Pr\{|X - \mu| < 0.6\sigma\}$

解答

正規分布の場合には付表 1 を用いて，一般の正規分布 $N(\mu, \sigma^2)$ を「標準正規分布 (standard normal distribution)」$N(0, 1^2)$ に変換（規準化）してから確率を求める（図 3.2, 図 3.3, 図 3.4）。

a)　$\Pr\{X \geq 2\sigma + \mu\} = \Pr\left\{Z \geq \dfrac{2\sigma + \mu - \mu}{\sigma}\right\}$
$= \Pr\{Z \geq 2\}$
$= 1.0 - \Pr\{Z < 2\}$
$= 0.02275 \fallingdotseq 0.023$

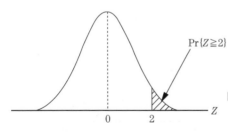

図 3.2　a) の求める面積（確率）

b)　$\Pr\{-1.5\sigma + \mu \leq X < 0.5\sigma + \mu\} = \Pr\{-1.5 \leq Z < 0.5\}$
$= \Pr\{Z < 0.5\} - \Pr\{Z < -1.5\}$
$= 0.624655 \fallingdotseq 0.625$

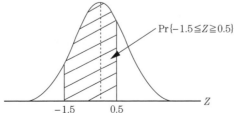

図 3.3　b) の求める面積（確率）

c) $\Pr\{|X-\mu|<0.6\sigma\} = \Pr\{|Z|<0.6\}$
$\qquad\qquad\qquad = 2\times\Pr\{0\leq Z<0.6\}$
$\qquad\qquad\qquad = 0.4514 \fallingdotseq 0.451$

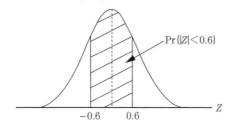

図 3.4 c) の求める面積（確率）

解説

標本として得られた観測値の分布を記述したものが「経験分布（empirical distribution）」である。それに対して確率変数の分布を記述したものが理論分布である。また確率変数には先に述べたように離散確率変数と連続確率変数がある。

例題 3.3 は正規分布の例である。正規分布の分布関数 $F(x)$ を計算する場合には，つぎの**表 3.2** に示す関係からわかるように，$N(\mu, \sigma^2)$ を標準正規分布 $N(0, 1^2)$ に変換してから行うと数表などが使えて便利である。

表 3.2 正規分布と標準正規分布の関係

分布名	正規分布 (標本分布)	⇔	標準正規分布 (検定分布)
表記法	$X \sim N(\mu, \sigma^2)$	⇔	$Z \sim N(0, 1^2)$
変数変換	規準化 $Z = \dfrac{x-\mu}{\sigma}$		
分布関数	$F(x)$ $F(x) = \int_{-\infty}^{x} \dfrac{1}{\sigma\sqrt{2\pi}} \exp\left[-\dfrac{(t-\mu)^2}{2\sigma^2}\right]dt$	⇔ ⇔	$\Phi(z) = \Phi\left(\dfrac{X-\mu}{\sigma}\right)$ $\Phi(z) = \int_{-\infty}^{z} \dfrac{1}{\sqrt{2\pi}} \exp\left[-\dfrac{t^2}{2}\right]dt$

3.2 主要な確率分布

つぎにデータ解析に用いられるいくつかの基本的な分布を**表 3.3**に示す。また，その基本的な分布の確率密度関数あるいは確率関数の概形を付図 1〜12 に示す。さらに諸分布間の関係を付図 13 および付表 9 に示す。

表 3.3 基本的な分布一覧

分布名	確率関数（離散分布） 確率密度関数（連続分布）	平均値	分 散
二項分布	$p(x\,;n,p) = {}_nC_x\,p^x(1-p)^{n-x}$ $x=0,1,\cdots,n \quad 0 \leq p(x) \leq 1$	np	$np(1-p)$
ポアソン分布	$p(x\,;\lambda) = \dfrac{1}{x!}\lambda^x e^{-\lambda},\quad x=0,1,\cdots,$ $\lambda > 0$	λ	λ
正規分布	$f(x\,;\mu,\sigma^2)$ $= \dfrac{1}{\sigma\sqrt{2\pi}}\exp\left[-\dfrac{(x-\mu)^2}{2\sigma^2}\right]$ $-\infty < x < \infty$	μ	σ^2
一様分布	$f(x\,;a,b) = \dfrac{1}{b-a},\quad a \leq x \leq b$	$\dfrac{a+b}{2}$	$\dfrac{(b-a)^2}{12}$
指数分布	$f(x\,;\lambda) = \lambda\exp(-\lambda x),\quad x \geq 0,$ $\lambda > 0$	$1/\lambda$	$1/\lambda^2$
ワイブル分布	$f(x\,;m,\eta)$ $= \dfrac{m}{\eta}\left(\dfrac{x}{\eta}\right)^{m-1}\exp\left[-\left(\dfrac{x}{\eta}\right)^m\right]$ $x \geq 0,\ \eta, m > 0$	$\eta\Gamma\left(\dfrac{1}{m}+1\right)$	$\eta^2\left[\Gamma\left(\dfrac{2}{m}+1\right)\right.$ $\left.-\Gamma^2\left(\dfrac{1}{m}+1\right)\right]$

ここで，$\Gamma(a)$ は，次式で表されるガンマ関数である。

$$\Gamma(a) = \int_0^\infty x^{a-1}e^{-x}\,dx,\quad a>0$$
$$\Gamma(n+1) = n!\,;\ n=0,1,2,3,\cdots\quad (0!=1)$$
ただし，$\Gamma\left(\dfrac{1}{2}\right) = \sqrt{\pi}$

問題 3.3

つぎの二項分布と正規分布の，それぞれの平均値 $E[X]$，分散 $V[X](=E[(X-\mu)^2])$ を式(3.1)〜(3.4)の定義に従い計算しなさい。

a) 二項分布　$p(x\,;n,p) = {}_nC_x\,p^x(1-p)^{n-x}$

b) 正規分布　$f(x\,;\mu,\sigma^2) = \dfrac{1}{\sigma\sqrt{2\pi}}\exp\left[-\dfrac{(x-\mu)^2}{2\sigma^2}\right]$

3. 乱数と主要な確率分布

問題 3.4

つぎの二項分布の確率関数 $p(x)$ において，np を一定にしたまま，極限として $n \to \infty$，$p \to 0$ を考えたときに導かれる分布は何か。定義式に基づいて極限計算を行うか，あるいはコンピュータで擬似乱数を発生させて $p(x)$ の分布を描き，その傾向からどのような分布になるかを考察しなさい。

$$p(x\,;n,p) = {}_nC_x\, p^x (1-p)^{n-x}$$

問題 3.5

表 3.3 の中から，つぎの式(3.5)で表される確率密度関数 $f(x)$ をもつ「ワイブル分布（Weibull distribution）」（付図9）の平均と分散を式(3.3)と式(3.4)の定義に従い計算しなさい。また $m=1$ とした場合の分布は何か。ここで m のことを形状母数，η のことを尺度母数と呼ぶ。

$$f(x\,;m,\eta) = \frac{m}{\eta}\left(\frac{x}{\eta}\right)^{m-1} \exp\left[-\left(\frac{x}{\eta}\right)^m\right],\quad x \geq 0,\ \eta, m > 0 \qquad (3.5)$$

問題 3.6

一定時間の通行量の分布について，つぎの二つの場合について考えてみる。
a) この分布の平均と分散が等しいことだけがわかっている場合
b) この分布がポアソン分布に従っているとわかっている場合

また，それぞれの分布の平均を 10 人としたとき，一定時間に 25 人以上通る確率はどれくらいになるか求めなさい。ただし，a) については，チェビシェフの不等式を用いて考えなさい。

3.3 確率分布に従う乱数

学習項目

・逆関数法（inverse function method）

3.3 確率分布に従う乱数

> ポイント

確率分布を仮定して，さまざまな事象に関して検討する際に，その仮定した確率分布に従う擬似的なデータが必要になる。ここでは，必要な確率分布に従うデータ（乱数）の生成方法について学ぶ。

〔1〕 逆 関 数 法

「逆関数法」は，累積分布関数 $F(x)$ の値域に区間 $[0,1)$ の一様乱数を割り当てることで，その逆関数 $F^{-1}(x)$ から $F(x)$ に対応した乱数 X を求める方法である。実際乱数には，先の3.1節で学んだ擬似一様乱数が用いられる。

> 例題 3.4

「指数分布（exponential distribution）」に従う乱数を逆関数法により作りたい。ただし，指数分布の確率密度関数は $f(x;\lambda)=\lambda\exp(-\lambda x)$；$(x\geq 0, \lambda>0)$ である。

なお，逆関数法は，累積分布関数 $F(x)$ に区間 $[0,1)$ の乱数を割り当てて，求めたい分布の乱数 X を求める方法である。つまり，区間 $[0,1)$ の乱数（実数）を R としたとき，次式により X_R を求めることができる。

$$X_R = F^{-1}(R)$$

いま，$\lambda=1.0$ として，つぎの10個の一様乱数に対応する指数分布乱数を実際に作り，つぎの表を完成させなさい。

> 解 答

表 3.4 に示す。

表 3.4　指数乱数の作り方例

i	R_i	指数乱数：X_{R_i}
1	0.10	0.11
2	0.38	0.48
3	0.08	0.08
4	0.99	4.61
5	0.13	0.14
6	0.66	1.08
7	0.31	0.37
8	0.85	1.90
9	0.64	1.02
10	0.74	1.35

解　説

指数分布の分布関数は，確率密度関数が $f(x;\lambda)=\lambda\exp(-\lambda x)$（付図7）のとき

$$F(x)=1-\exp(-\lambda x)\ ;\ x\geqq 0,\ \lambda>0$$

となる。この $F(x)$ に一様乱数 R を対応させて X_R を求める。その考え方は**図3.5**に示した。これからわかるように，$F(x)=R$ とおくことにより

$$X_R=-\frac{1}{\lambda}\ln(1-R)$$

から，逆関数法により一様乱数 R に対応した指数分布に従う乱数 X_R を求めることができる。

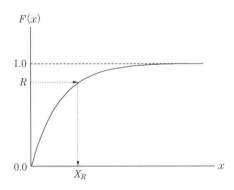

図3.5　指数分布の乱数の求め方

問 題 3.7

先に示した式(3.5)において，$\eta=1$ としたつぎの確率密度関数 $f(x)$ をもつワイブル分布（付図9）に従う乱数 W を逆関数法により求め，つぎの**表3.5**を完成させなさい。

$$f(x\,;m)=mx^{m-1}\exp[-x^m],\ \ x\geqq 0,\ \ m>0$$

ただし，形状母数 $m=1.0, 2.0, 3.0$ とする。

表 3.5 ワイブル乱数の作成

i	一様乱数(R_i)	ワイブル乱数(W_i)		
		$m=1.0$	$m=2.0$	$m=3.0$
1	0.75			
2	0.92			
3	0.34			
4	0.28			
5	0.77			
6	0.29			
7	0.10			
8	0.86			
9	0.26			
10	0.88			

課題 3.2

付表 1（標準正規分布の分布関数）と同じ表を，表計算ソフトなどを用いて作成しなさい．さらにワイブル分布（付図 9）の分布関数を一覧表にするとしたら，どのような形式の表があったら便利だろうか．各自工夫して作成しなさい．

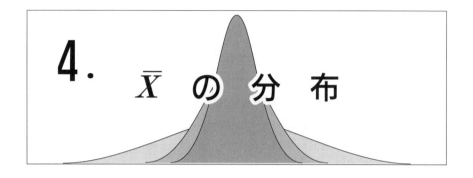

4. $\bar{X}$ の分布

4.1 正規分布からの$\bar{X}$の分布

学習項目

- 独立な確率分布の和（sum of independent random variables）
- 積率母関数（moment generating function：*mgf*）
- 積率母関数のおもな性質

ポイント

　正規分布に従う母集団（正規母集団）から得られた，大きさnの標本を無作為に抽出して標本平均を計算したとき，それはどのような分布になるだろうか．ここでは，標本平均について学ぶとともに，確率変数の和の分布と積率母関数について学ぶ．

〔1〕 **独立な確率分布の和**

　正規分布に従う確率変数は，定数を加えても，定数倍しても，やはり正規分布に従う．これは正規分布を特徴づける性質の一つである．また，正規分布に従う確率変数の和も正規分布になる．定数倍しても正規分布になるという性質と，和が正規分布になるという性質を繰返し適用するとつぎのようになる．

$X_i \sim N(\mu_i, \sigma_i^2)$

$\mu = E(\sum a_i X_i)$, $\sigma^2 = V(\sum a_i X_i)$ ならば

$\sum a_i X_i \sim N(\mu, \sigma^2)$, a_iは定数

さらに確率変数を X が正規分布 $N(\mu, \sigma^2)$ に従うものとすると，確率変数 X の標本平均 $\overline{X}$ は正規分布 $N(\mu, \sigma^2/n)$ に従う．この考え方を示したのが図 4.1 である．

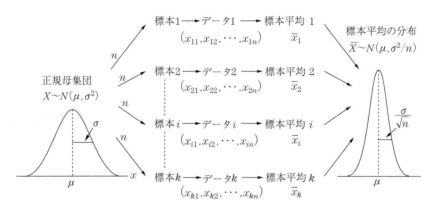

図 4.1 母集団が正規分布の場合の標本平均の考え方

〔2〕 積 率 母 関 数

$g(X) = e^{X\theta}$ とおいた場合の期待値を考えてみる．
いま，X が離散確率変数ならば，$g(X)$ の期待値はつぎのようになる．

$$E[g(X)] = E[e^{X\theta}] = \sum_{i=1}^{k} e^{x_i\theta} p(x_i) \tag{4.1}$$

また，X が連続確率変数ならば，つぎのようになる．

$$E[g(X)] = E[e^{X\theta}] = \int_{-\infty}^{\infty} e^{x\theta} f(x)\,dx \tag{4.2}$$

式(4.1)，(4.2)はともに θ の関数となる．これを確率変数 X の「積率母関数（mgf）」と呼び，$M_X(\theta)$ で表す．名前の由来はつぎの式(4.3)の展開から明らかである．

$$\begin{aligned}
M_X(\theta) &= E[e^{X\theta}] \\
&= E\left[1 + X\theta + \frac{X^2 \theta^2}{2!} + \cdots + \frac{X^k \theta^k}{k!} + \cdots\right] \\
&= 1 + \theta E[X] + \frac{\theta^2}{2!} E[X^2] + \cdots + \frac{\theta^k}{k!} E[X^k] + \cdots.
\end{aligned} \tag{4.3}$$

この $M_X(\theta)$ を θ で k 回微分し，つぎに示すように $\theta=0$ とすると k 次の原点周りの積率 μ_k' が求められる。

$$\frac{d^k}{d\theta^k} M_X(0) = E[X^k] = \mu_k'$$

〔3〕 **積率母関数のおもな性質**

いま，a を定数としたときの $M_X(\theta)$ に関するおもな性質を示す。

(1) $M_{aX}(\theta) = E[e^{a\theta X}] = M_X(a\theta)$

(2) $M_{a+X}(\theta) = E[e^{\theta(a+X)}] = E[e^{\theta a} e^{\theta X}] = e^{\theta a} M_X(\theta)$

(3) さらに，n 個の独立な確率変数 $X_1, X_2, \cdots, X_n$ の和の積率母関数は

$$M_{(X_1+X_2+\cdots+X_n)}(\theta) = E[e^{\theta(X_1+X_2+\cdots+X_n)}]$$
$$= E[e^{\theta X_1} e^{\theta X_2} \cdots e^{\theta X_n}]$$

となる。ここで，X_i はたがいに独立であるからつぎのようになる。

$$M_{(X_1+X_2+\cdots+X_n)}(\theta) = E[e^{\theta X_1}] E[e^{\theta X_2}] \cdots E[e^{\theta X_n}]$$
$$= M_{X_1}(\theta) M_{X_2}(\theta) \cdots M_{X_n}(\theta)$$

例題 4.1

いま確率変数 X を身長〔cm〕とするとき，この X が正規分布 $N(175, 7^2)$ に従うとする。このとき，10 人の身長の平均が 180 cm 以上となる確率はいくらか。

解 答

10 人の身長の標本平均 $\bar{X}$ の分布は正規分布 $N(175, 7^2/10)$ に従う。よって，10 人の平均が 180 cm 以上となる確率は数値表から

$$\Pr\{\bar{X} \geq 180\} = \Pr\left\{Z \geq \frac{180-175}{\frac{7}{\sqrt{10}}}\right\} = \Pr\{Z \geq 2.26\} = 0.012$$

となる。

解 説

たがいに独立な確率変数の和の分布について，積率母関数 mgf を用いた説明を以下の参考に示す。

4.1 正規分布からの $\bar{X}$ の分布

参考

X が正規分布 $N(\mu, \sigma^2)$ に従う確率変数であるならば，その積率母関数 $M_X(\theta)$ は

$$M_X(\theta) = \exp\left(\mu\theta + \frac{\sigma^2 \theta^2}{2}\right)$$

であることがわかっている。ここで θ は定数である。

いま n 個の確率変数 $X_1, X_2, \cdots, X_n$ が独立で同一の正規分布 $N(\mu, \sigma^2)$ に従っているとき

$$Y = \frac{X_1 + X_2 + \cdots + X_n}{n} = \bar{X}$$

の積率母関数 $M_Y(\theta)$ がどのようになり，この Y の分布が何であるのか考えてみる。

参考の解答

$$\begin{aligned} M_Y(\theta) &= M_{\left(\frac{X_1}{n} + \frac{X_2}{n} + \cdots + \frac{X_n}{n}\right)}(\theta) \\ &= M_{X_1}\left(\frac{\theta}{n}\right) M_{X_2}\left(\frac{\theta}{n}\right) \cdots M_{X_n}\left(\frac{\theta}{n}\right) \\ &= \left\{M_X\left(\frac{\theta}{n}\right)\right\}^n \\ &= \left\{\exp\left(\frac{\mu\theta}{n} + \frac{\sigma^2}{2}\frac{\theta^2}{n^2}\right)\right\}^n \\ &= \exp\left(\mu\theta + \frac{\sigma^2}{2}\frac{\theta^2}{n}\right) \end{aligned}$$

となる。

$X \sim N(\mu, \sigma^2)$ の積率母関数が

$$M_X(\theta) = \exp\left(\mu\theta + \frac{\sigma^2 \theta^2}{2}\right)$$

であった。この式の θ と $\theta^2/2$ の係数が μ と σ^2 である。一方，いま求めた $M_Y(\theta)$ の場合の θ と $\theta^2/2$ の係数は μ と σ^2/n である。

したがって Y ($=\bar{X}$) は，積率母関数の一意性より，正規分布 $N(\mu, \sigma^2/n)$ に従うことがわかる。このように，正規分布の場合には，和の分布も平均の分布もまた正規分布に従うことがわかる。この性質を分布の再生性と呼び，重要な性質である。正規分布のほかに，χ^2 分布も同じ性質を持っている。

また，$M_Y(\theta)$ を θ で1回および2回微分して，$\theta = 0$ とすると

$$\frac{d}{d\theta}M_Y(0) = \mu$$

$$\frac{d^2}{d\theta^2}M_Y(0) = \mu^2 + \frac{\sigma^2}{n}$$

となる。このことからも，Y の平均は μ，分散は

$$\mu^2 + \frac{\sigma^2}{n} - (\mu)^2 = \frac{\sigma^2}{n}$$

となることがわかる。

問題 4.1

ある製品の強度が平均 20 kg，標準偏差 4 kg の正規分布に従っているという。いま，30 個の標本の平均が 18 kg であった。標本平均が 18 kg 以下である確率を求めなさい。

問題 4.2

X が正規分布 $N(\mu, \sigma^2)$ に従う確率変数であるとき，つぎの規準化した確率変数 Z の積率母関数 $M_Z(\theta)$ を求めなさい。

$$Z = \frac{X - \mu}{\sigma}$$

問題 4.3

実力テストの得点が，平均 550 点，標準偏差 70 点の正規分布に従っていた。このテストで 450 点以上を合格としたとき，その割合は何%か。

課題 4.1

X が平均 150 g，標準偏差 2.5 g，Y が平均 180 g，標準偏差 3.5 g の正規分布に従うとき確率変数 $W = X + Y$ はどのような分布に従うかを積率母関数を用いて説明しなさい。

課題 4.2

X がつぎの密度関数 pdf をもつ指数分布（付図 7）に従う確率変数であるとき，積率母関数を用いて X の平均と分散を求めなさい。

$$f(x;\lambda) = \lambda \exp(-\lambda x) \quad ; \quad x \geq 0, \lambda > 0$$

4.2 非正規分布からの $\bar{X}$ の分布

学習項目

・大数の法則 (law of large numbers)
・中心極限定理 (central limit theorem)

ポイント

母集団分布が正規分布の場合には，その標本平均が正規分布に従うことをすでに学んだ．ここでは母集団分布が，正規分布以外の場合に，標本平均がどのような分布に従うのかを学ぶ．

〔1〕 **大 数 の 法 則**

ある母集団から無作為抽出された標本の平均は，抽出される標本の大きさが大きくなるに従い真の平均に近づく．いま，母平均を μ，母標準偏差を σ としたとき任意の小さい正数 ε に対してチェビシェフの不等式を援用すると，次式の左辺の確率をいくらでも小さくできる．この式を一般に「大数の法則」と呼んでいる．

$$\Pr\{|\bar{X}-\mu|>\varepsilon\} \leq \frac{\sigma^2}{\varepsilon^2 n}$$

〔2〕 **中 心 極 限 定 理**

「中心極限定理」は数理統計学の重要な定理の一つであり，標本平均と真の平均との誤差について論ずるものである．多くの場合，標本がどんな分布に従うものであっても，その誤差の分布は標本の大きさを大きくしたときには近似的に正規分布に従う．ただし，標本分布に分散が存在しないときには，その極限は正規分布と異なる場合もある．

確率変数 X が，平均 μ，標準偏差 σ のある分布に従うとき，大きさ n の標本に基づく標本平均 $\bar{X}$ は，n が十分大きくなるとき，平均 μ，標準偏差 $\sigma/\sqrt{n}$ の正規分布に近づく．つまり，$E[X]=\mu$，$V[X]=\sigma^2$ であるとき，つぎ

のことを意味している。

$$\lim_{n\to\infty} \Pr\left\{ \frac{\overline{X}-\mu}{\frac{\sigma}{\sqrt{n}}} \leq Z \right\} = \int_{-\infty}^{z} \frac{1}{\sqrt{2\pi}} \exp\left(-\frac{x^2}{2}\right) dx$$

ここで重要なことは,確率変数が従う分布は正規分布でなくても良いということである。

例題 4.2

区間 $[0,1)$ 上の一様乱数を用いて正規分布 $N(\mu, \sigma^2)$ に従う乱数を中心極限定理を応用して生成する方法を考えなさい。

解 答

中心極限定理によれば,同一分布に従う n 個の独立な確率変数 X_i の和は,それぞれの平均を μ,分散を σ^2 としたとき,X_i がどのような分布に従っていても,n が大きくなるに従って,つぎの Z は標準正規分布 $N(0, 1^2)$ に近づく。

$$Z = \frac{\sum_{i=1}^{n} X_i - n\mu}{\sigma\sqrt{n}} \quad \text{または} \quad Z = \left(\frac{1}{n}\sum_{i=1}^{n} X_i - \mu\right)\frac{\sqrt{n}}{\sigma}$$

一方,区間 $[0,1)$ の一様乱数は,平均 μ が $1/2$,分散 σ^2 が $1/12$ の一様分布に従う。したがって,一様乱数の数を n として,n 個の乱数 R_i の和を $R_T = \sum_{i=1}^{n} R_i$ としたとき

$$Z = \frac{R_T - \frac{n}{2}}{\sqrt{\frac{n}{12}}}$$

は,n が大きくなるに従い標準正規分布 $N(0, 1^2)$ に従う。

この関係を用いて,次式より n 個の乱数 R_i から,任意の正規分布 $N(\mu, \sigma^2)$ に従う乱数 X を一つ作ることができる。

$$X = \sigma\sqrt{\frac{12}{n}}\left(\sum_{i=1}^{n} R_i - \frac{n}{2}\right) + \mu$$

問題 4.4

ある工場の製造工程では 5 % の不良品が出るという。つぎの問いに答えなさい。なお,必要に応じて半整数補正を行い求めなさい。

a) 製造された製品の中から試しに20個の製品を抜き取った。その中の不良品の数が1個以下である確率はいくらか。
b) ある製品2 000個のロット中に出る不良品の数が100個以下である確率はいくらか。
c) b）と同じ大きさのロット中に出る不良品が80個から120個である確率はいくらか。

> **参考：半整数補正（half-integer correction）**
>
> 離散変数 X に対する確率計算を考える。例えばサイコロを何回か振り，その出た目の和がある範囲に入る確率を，正規分布 X_N に近似して確率計算することができる。ただしその際は，つぎのように離散変数を連続的に扱うために工夫をする。そのことを半整数補正という。
>
> $\Pr\{14 \leq X \leq 18\} \cong \Pr\{13.5 \leq X_N < 18.5\}$

問題 4.5

A社のテレビの品質は悪く，10％が無料保証期間中に故障するという。今年，B店でA社のテレビを100台販売したという。そのうち少なくとも14台を無料で修理しなくてはならなくなる確率はいくらか。

問題 4.6

ある客船の乗船定員は，300名である。そのうち30名が一等客室で，270名がエコノミー客室（2等客船以下の低価格客室）である。予約をした人が現れない確率は，客室に関係なく10％であるという。いま，30名の一等客室と290名のエコノミー客室の予約を受けたとする。エコノミー客室を予約した人でも，一等客室を予約した人が現れなければ一等客室が利用できるとした場合，それでも乗れない人が出る確率はいくらか。

課題 4.3

例題 4.2 を参考にして,いま n 個の一様乱数 R_i の和を $R_T = \sum_{i=1}^{n} R_i$ とするとき

$$Z = \frac{R_T - \frac{n}{2}}{\sqrt{\frac{n}{12}}}$$

の分布の概形はどのようになるか。また,n の値を種々変化させて,概形の変化の様子を知りたい。検討の際には n の値を,1, 3, 5, 10 とし,それぞれ 50 組ずつのデータを作り,それぞれの分布の概形を描きなさい。

挑戦課題 4.1

X_i がつぎの確率密度関数 pdf をもつ指数分布に従う確率変数であるとき,$\sum_{i=1}^{n} X_i$ はどのような分布 $f_n(x)$ になるか。

$$f(x;\lambda) = \lambda \exp(-\lambda x) \quad ; \quad x \geq 0, \ \lambda > 0$$

a) $\lambda = 0.1 +$ (生年月日の日の末尾 1 桁)/10 として乱数を作り,$n = 5(5)20$ のときの $f_n(x)$ の概形を描きなさい。

b) また a) の問題を積率母関数を用いて考えなさい。さらに n を大きくしたとき,どのような分布に従うかについても考えなさい。

5. 計量値に関する検定と推定

5.1 母平均の検定と推定

学習項目

母分散既知・未知の場合の母平均の検定と推定
- 統計的仮説検定 (statistical hypothesis test)
  - 帰無仮説 (null hypothesis)
  - 対立仮説 (alternative hypothesis)
  - 有意水準 (significance level)
  - 棄却域 (critical region)
  - 標準正規分布 (standard normal distribution)
  - t 分布 (t-distribution)
- 推定 (estimation)
  - 点推定 (point estimation)
  - 区間推定 (interval estimation)

ポイント

ここでは，計量値に関する検定と推定について学ぶ。まず，検定と推定の基本的なことについて学ぶ。さらに，母分散が既知および未知の場合のそれぞれについて，母平均の検定および推定について学ぶ。

5. 計量値に関する検定と推定

〔1〕 統計的仮説検定

「統計的仮説検定」における判断は,「仮説を棄却する」,「仮説を採択する(棄却しない)」のいずれかである。その判断を下す方法はつぎのようになる。以後,「統計的仮説検定」のことを単に「検定」と呼ぶ。

（1） 未知母数について仮説を立てる。これを「帰無仮説 H_0」とする。通常,帰無仮説は解析者自身が疑っている内容である。一方で,こうありたいとか,こうであろうと思っている仮説を「対立仮説 H_1」とする。

（2） 仮説 H_0 が真であるとしたときの理論的結論を出す。

（3） 実験あるいは観測によって,（2）に対する実験的結論を出す。

（4） この実験的結論を,すでに得ている理論的結論と比較する。食い違っていなければ,H_0 を疑う根拠はない。この場合には,「H_0 を採択する(棄却しない)」という判断を下す。食い違っているならば,「H_0 を棄却する」という判断を下す。

これを標準偏差がわかっている正規母集団 $N(\mu, \sigma^2)$ において,母平均 μ についての仮説検定で考えてみるとつぎのようになる。

（1） 未知母数は μ であり,μ についての帰無仮説 H_0 は $\mu = \mu_0$ である。
ただ,解析者はこの帰無仮説には疑いを持っており,実際には,$\mu \neq \mu_0$ のように思っているとする。

（2） 仮説 H_0 が真であるとしたときの理論的結論は,ある統計量 $t(x_1, x_2, \cdots, x_n)$ がどのような分布をするかということにより決まる。この場合,統計量は標本平均であり,分布はつぎのように

$$\bar{x} \sim N\left(\mu_0, \frac{\sigma^2}{n}\right)$$

に従う。ここで母分散を既知とし,標本平均を規準化した変数は,標準正規分布 $N(0, 1^2)$ に従う。

（3） 実験的結論は,実際の実験あるいは観測から標本をとり,（2）の統計量を計算する。

（4） つぎにこの実験的結論を,すでに得ている理論的結論と比較する。

理論的結論との食い違いを判断するために，ある小さな値 α（「有意水準」または「危険率」）を考える（図 5.1）。この両側の斜線部分領域を「棄却域」という。この場合は両側検定という。もし H_0 が真ならば，この領域に入る確率はたかだか α ということになる。したがって，実験から得られたデータに基づき計算された統計量の値がこの領域に入らなければ，H_0 を疑う根拠はない。したがって「H_0 を採択する（棄却しない）」という判断を下す。逆に棄却域 α の領域に入れば，「H_0 を棄却する」または「有意水準 α で有意である」という判断を下すことになる。そして，対立仮説を採択すべきであるという結論になる。

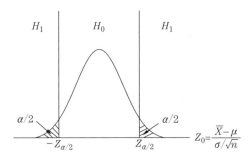

図 5.1　帰無仮説と棄却領域（両側検定）

〔2〕 推　　　定

われわれは母集団から標本を抽出し，それを観測することによって得られた知識をもとに分布の種々の特性（characteristic）を推定する。この特性を表す変数のことを「母数（population parameter）」と呼ぶ。その母集団の未知の母数を一つの値で推定する方法を「点推定」と呼び，その母数の値がある区間に入る確率を指定し，その確率を保証するように区間を求める方法を「区間推定」と呼ぶ。例えば，ある母集団分布の平均や分散は，その母集団の特性を表す変数であり，ともに母数である。例えば，2.2 節で学んだ方法により求められる標本平均や標本分散はそれぞれの「推定量（estimator）」である。さらに，母数の推定量には，「点推定量（point estimator）」および「区間推定量（interval estimator）」がある。

例題 5.1

つぎの**表 5.1** は，ある製品の加工方法を変更した後の測定データである。変更前の加工寸法の平均値は 30.00 mm であった。変更した後に平均が変化したと判断してよいか。また変更後の平均はどれくらいとみてよいか。つぎの二つの場合で検討しなさい。ただし，データは正規分布に従っているものとする。有意水準 5％ で検定しなさい。

a)　変更前の加工寸法の標準偏差が 0.02 mm であるとわかっていた場合。
b)　変更前の加工寸法の標準偏差がわかっていなかった場合。

表 5.1　測定データ〔mm〕

No	データ	No	データ
1	30.04	6	30.05
2	30.02	7	30.03
3	30.01	8	30.04
4	30.03	9	30.02
5	30.02	10	30.03

解 答

a) の場合

1. 方　針

まず，仮説検定について考えてみる。

仮説検定における判断は先にも述べたように「仮説を棄却する」，「仮説を採択する（棄却しない）」のいずれかである。その判断を下す手順に従って検定を行う。

この問題のように母平均 μ_0 と母分散 σ_0^2 のどちらもわかっている場合には，このデータが $\mu=30.00$ の母集団に属するという帰無仮説を立てて，平均の差の検定を行う（両側検定）。その際検定のための統計量としてつぎのものを用いる。

$$Z_0 = \frac{\bar{X} - \mu_0}{\frac{\sigma_0}{\sqrt{n}}} \sim N(0, 1^2)$$

3.2 節で学んだように，確率変数 X が正規分布に従うとき，母平均と母標準偏差で規準化した確率変数 Z は平均 0，標準偏差 1 の「標準正規分布」に従う。これは $\bar{X}$ においても同様であり，$\bar{X}$ の平均と標準偏差で基準化した確率変数は標準正規分布に従う。また，帰無仮説と棄却領域の考え方は図 5.1 に示すとおりである。

帰無仮説　$H_0: \mu = \mu_0$,　　μ_0：従来の母平均
対立仮説　$H_1: \mu \neq \mu_0$
有意水準　$\alpha = 0.05$（5％）両側検定
統計量と棄却域 R　$|Z_0| \geq Z_{\alpha/2}$

2. 解　　　析

① 検　定

$$n = 10, \quad \bar{X} = \frac{300.29}{10} = 30.029$$

$$Z_0 = \frac{\bar{X} - \mu_0}{\frac{\sigma_0}{\sqrt{n}}}$$

$$= \frac{30.029 - 30.00}{\frac{0.02}{\sqrt{10}}}$$

$$= 4.585**$$

$$Z_{\alpha/2} = Z_{0.025}$$
$$\quad\quad = 1.96 \text{ 両側検定}$$

$$Z_0 = 4.585 > Z_{0.025} = 1.96$$

この結果 H_0 は棄却され変更前の平均と同じであるとはいえないことになる。

ここで＊は有意水準5％で有意となったことを表し，もし，有意水準1％でも有意となった場合には高度に有意と呼び，＊＊で表す。

この場合には，1％でも有意となるため

$$Z_0 = 4.585**$$

とした。

② 推　定

点推定　$\hat{\mu} = \bar{X}$
$\quad\quad\quad = 30.029$
$\quad\quad\quad \fallingdotseq 30.03$

区間推定（95％信頼区間）

信頼下限値：$\mu_L = \bar{X} - Z_{0.025} \times \frac{\sigma_0}{\sqrt{n}}$

$$= 30.029 - 1.96 \times \frac{0.02}{\sqrt{10}}$$

$$= 30.02$$

信頼上限値：$\mu_U = \bar{X} + Z_{0.025} \times \frac{\sigma_0}{\sqrt{n}}$

$$= 30.029 + 1.96 \times \frac{0.02}{\sqrt{10}}$$
$$= 30.04$$

変更後の平均に関して,点推定値は 30.03 mm,その 95 % 信頼区間は 30.02 〜 30.04 mm であるといえる.

b) の場合
1. 方　　針
母平均 μ_0 がわかっていて母分散 σ_0^2 がわからない場合には,σ_0^2 の代わりに不偏分散 V を用いて,このデータが $\mu = 30.00$ の母集団に属するという帰無仮説を立てて,a) と同様にして平均の差の検定を行う(両側検定).

その際,母標準偏差が未知であるので,検定のための統計量としてつぎのものを考える.これは「t 分布」に従う.なお,t 分布については付録に解説がある.

$$t_0 = \frac{\overline{X} - \mu_0}{\frac{\sqrt{V}}{\sqrt{n}}} \quad \sim \quad 自由度\ \phi = n-1\ の\ t\ 分布 \quad t(\phi, \alpha)$$

2. 解　　析
帰無仮説　$H_0 : \mu = \mu_0$,　　μ_0 : 従来の母平均
対立仮説　$H_1 : \mu \neq \mu_0$
有意水準　$\alpha = 0.05$ (5 %)　両側検定
統計量と棄却域 R　$|t_0| \geq t\left(\phi, \dfrac{\alpha}{2}\right)$

$$n = 10, \quad \overline{X} = \frac{300.29}{10} = 30.029$$

$$\sqrt{V} = \sqrt{\frac{\sum X_i^2 - \dfrac{(\sum X_i)^2}{n}}{n-1}}$$

$$= \sqrt{\frac{9\,017.409\,7 - 9\,017.408\,41}{9}} \cong 0.012$$

$$t_0 = \frac{\overline{X} - \mu_0}{\frac{\sqrt{V}}{\sqrt{n}}} = \frac{30.029 - 30.00}{\frac{0.012}{\sqrt{10}}} = 7.642^{**}$$

付表 2 より

$$t\left(\phi, \frac{\alpha}{2}\right) = t(9, 0.025) = 2.262$$

❶ 検　　定

$$t_0 = 7.642 > t(9, 0.025) = 2.262$$

となり，H_0 は棄却され，変更前の平均と同じであるとはいえない。

❷ 推　定

点推定　$\hat{\mu} = \bar{X} = 30.029 \fallingdotseq 30.03$

区間推定（95 % 信頼区間）

信頼下限値：$\mu_L = \bar{X} - t(9, 0.025) \times \sqrt{\dfrac{V}{n}}$

$$= 30.029 - 2.262 \times \dfrac{0.012}{\sqrt{10}} = 30.02$$

信頼上限値：$\mu_U = \bar{X} + t(9, 0.025) \times \sqrt{\dfrac{V}{n}}$

$$= 30.029 + 2.262 \times \dfrac{0.012}{\sqrt{10}} = 30.04$$

変更後の平均に関して，点推定値は 30.03 mm，その 95 % 信頼区間は 30.02～30.04 mm であるといえる。

参考：統計的なものの見方

正しい知識を得る一つの方法は，現象を注意深く観察することである。そして同じ条件で同じことを繰り返せば，それを支配する法則を見つけ出すことができる。統計的なものの見方は，現象を統計的法則として理解しようとするもので，以下のようにまとめられる。

① 抽象的な概念より具体的な事実を重んじる。

② 事実を感覚的あるいは観念的な言葉によらず，具体的な観測あるいは調査手続きと結びついた数字により表現する。

③ 観測あるいは調査結果は，つねに誤差と変動を伴っている。

④ 多くの観測あるいは調査結果に傾向が見られるときには，信頼できる知識として考える。

問題 5.1

従来は肥料甲を用いて稲作を行っていた。一定の面積あたりの収穫量の平均は 76.7 kg であった。今年度から新たに肥料乙を用いて稲作を行った。そして 10 ヶ所からつぎの量の収穫が得られた。従来の肥料に比べて収穫量に違いがあるだろうか。有意水準は 5 % としなさい。

5. 計量値に関する検定と推定

74.7	81.2	73.8	82.0	76.3
75.7	80.2	72.6	77.9	82.6

問題 5.2

穀物を 25 kg ずつ袋詰する工程がある。いま生産速度を速めるために袋詰マシンを変えた。マシンの調節を変えてとりあえず 10 袋詰めてみた。その正味重量を測定した結果はつぎのとおりである。平均の点推定と区間推定を行いなさい。95％信頼区間で考えなさい。

25.06	25.30	25.07	25.02	25.16
25.18	25.19	25.23	25.23	25.25

課題 5.1

各自が集めたデータを用いて,「母平均の検定と推定」に関する問題を, 各自が作成し解答しなさい。

5.2 母平均の差の検定と推定

学習項目

母分散既知・未知の場合の母平均の差の検定と推定

2 組の母分散の検定
・等分散性 (homoscedasticity) の検定
・F 分布 (F-distribution)

t 検定の応用
・一対比較 (paired comparison)

ポイント

母平均の検定および推定を行ったのと同様に, 今度は二つの母集団の母平均に差があるかどうかの検定とその差の大きさの推定について学ぶ。

5.2 母平均の差の検定と推定

〔1〕 母分散既知・未知の場合の母平均の差の検定と推定

検定の方法は先の章で学んだとおりである。ここで学ぶことは，まず母平均の差がどのような分布に従うかを検討する。

たがいに独立な2組の母集団の母分散がわかっていて，それぞれが $N(\mu_A, \sigma_A^2)$, $N(\mu_B, \sigma_B^2)$ に従うとすると，$\overline{X}_A - \overline{X}_B$ の平均は $\mu_A - \mu_B$，分散は加法性により $\sigma_A^2/n_A + \sigma_B^2/n_B$ となる。したがって，$\overline{X}_A - \overline{X}_B$ は $N(\mu_A - \mu_B, \sigma_A^2/n_A + \sigma_B^2/n_B)$ に従う。なお，推定に関しては5.1節と同様にして考えることができる。また，母分散が未知の場合には t 分布を用いて検定する。これについては後述する。

〔2〕 2組の母分散の検定

2組の母平均の差の検定を行う際に，まず，2組の母集団の母分散が等しいかどうかを検定する，等分散性の検定が必要である。その際，帰無仮説を，$\sigma_A^2 = \sigma_B^2$ とする。そして，この仮説の下で，たがいの不偏分散を用いた検定統計量 $F_0 = V_A/V_B$ は，自由度 $\phi_A = n_A - 1$, $\phi_B = n_B - 1$ の F 分布に従うことを利用する。

〔3〕 t 検定の応用：一対比較

一対の実験を n 回繰り返し，二つ1組の実験結果を n 対得る場合を考える。独立な n 対の実験結果を表す確率変数を (Y_{i1}, Y_{i2}); $i = 1, 2, \cdots, n$ とする。それぞれの確率変数が正規分布に従うと仮定すると，$Y_{i1} - Y_{i2} = X_i$ は正規分布 $N(\mu, \sigma^2)$ に従う。もし，両者に差がなければ μ は 0 となるはずである。

一対の実験を n 回繰り返して得られた $(x_1, x_2, \cdots, x_n)$ は大きさ n の標本と考えられる。そこで標本平均 $\overline{X}$ と標本分散 S^2 を用いてつぎの検定を考えることにしよう。

帰無仮説　$H_0 : \mu = 0$

対立仮説　$H_1 : \mu \neq 0$

帰無仮説が正しいということは，(Y_{i1}, Y_{i2}) の両者に差はないということになる。この検定の帰無仮説に対する棄却域はつぎのようになる。

60   5. 計量値に関する検定と推定

$$\left| \frac{\overline{x}}{\sqrt{\frac{s^2}{n}}} \right| > t(n-1, \alpha)$$

例題 5.2

つぎの**表 5.2** は，A 社と B 社から同じ内容量の表示で売り出されている，ある同種の食品の内容量を実際に測定したデータである。A 社と B 社の母平均に差があると判断してよいだろうか。また，A 社と B 社のそれぞれの母平均および両社の母平均の差は，どれくらいとみてよいだろうか。つぎの二つの場合で検討しなさい。有意水準 5％ で検定しなさい。

a)　A 社と B 社の標準偏差は等しく 0.5 g であるとわかっていた場合
b)　A 社と B 社の標準偏差がわかっていなかった場合

表 5.2　測定データ〔g〕

No.	A 社のデータ	B 社のデータ
1	125.1	126.3
2	123.6	125.8
3	125.0	124.9
4	124.6	125.6
5	124.0	124.8
6	123.8	125.3
7	124.0	124.9
8	123.5	126.2
9	123.8	125.8
10	124.2	126.3

解 答

a) の場合

1. 方　針

2 組の母集団の母分散がわかっている場合には，この性質を用いて帰無仮説

　　$H_0: \mu_A = \mu_B$

を立てて，2 組の平均の差の検定を行う（両側検定）。その際，検定のための統計量としてつぎのものを用いる。

$$Z_0 = \frac{(\overline{X}_A - \overline{X}_B) - (\mu_A - \mu_B)}{\sqrt{\frac{\sigma_A^2}{n_A} + \frac{\sigma_B^2}{n_B}}} \sim N(0, 1^2)$$

5.2 母平均の差の検定と推定

特に2組の母分散が等しい場合には，$\sigma_A^2 = \sigma_B^2 = \sigma^2$ とおいて，つぎの式を検定のための統計量として用いることができる．

$$Z_0 = \frac{(\overline{X}_A - \overline{X}_B) - (\mu_A - \mu_B)}{\sqrt{\sigma^2\left(\dfrac{1}{n_A} + \dfrac{1}{n_B}\right)}} \sim N(0, 1^2)$$

ここで2組の平均の差の分布の考え方を**図 5.2** に示す．

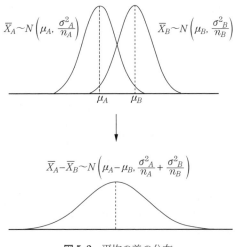

図 5.2 平均の差の分布

2. 解　　析

帰無仮説　$H_0 : \mu_A = \mu_B$,　　μ_0：従来の母平均

対立仮説　$H_1 : \mu_A \neq \mu_B$

有意水準　$\alpha = 0.05$（5％）両側検定

統計量と棄却域　R　$|Z_0| \geq Z_{\alpha/2}$

データより

$n_A = 10,\ n_B = 10$

$\overline{X}_A = \dfrac{1\,241.6}{10} = 124.16$

$\overline{X}_B = \dfrac{1\,255.9}{10} = 125.59$

$Z_0 = \dfrac{(\overline{X}_A - \overline{X}_B) - (\mu_A - \mu_B)}{\sqrt{\sigma^2\left(\dfrac{1}{n_A} + \dfrac{1}{n_B}\right)}} = \dfrac{(124.16 - 125.59) - 0}{0.5\sqrt{\dfrac{1}{10} + \dfrac{1}{10}}} = -6.395^{**}$

$Z_{\alpha/2} = Z_{0.025} = 1.96$

① 検　定
$|Z_0|=6.395 > Z_{0.025} = 1.96$
よって，H_0 は棄却され A 社と B 社の平均は同じであるとはいえない。

② 推　定

❶ 2 組の差の点推定
$\hat{\delta} = \overline{X}_A - \overline{X}_B = -1.43$

区間推定（95 ％ 信頼区間）

信頼下限値：$\delta_L = \overline{X}_A - \overline{X}_B - Z_{0.025} \times \left(\sigma \sqrt{\dfrac{1}{n_A} + \dfrac{1}{n_B}} \right)$

$= -1.43 - 1.96 \times 0.5 \sqrt{\dfrac{1}{10} + \dfrac{1}{10}}$

$\fallingdotseq -1.87$

信頼上限値：$\delta_U = \overline{X}_A - \overline{X}_B + Z_{0.025} \times \left(\sigma \sqrt{\dfrac{1}{n_A} + \dfrac{1}{n_B}} \right)$

$= -1.43 + 1.96 \times 0.5 \sqrt{\dfrac{1}{10} + \dfrac{1}{10}}$

$\fallingdotseq -0.99$

A 社と B 社の平均の差に関して，点推定値は $-1.43\,\mathrm{g}$，その 95 ％ 信頼区間は，$-1.87\,\mathrm{g} \sim -0.99\,\mathrm{g}$ であるといえる。

❷ おのおのの点推定
$\hat{\mu}_A = \overline{X}_A, \quad \hat{\mu}_B = \overline{X}_B$

区間推定（95 ％ 信頼区間）

A 社の信頼下限値：$\mu_{A,L} = \overline{X}_A - Z_{0.025} \times \left(\sigma \sqrt{\dfrac{1}{n_A}} \right)$

$= 124.16 - 1.96 \times 0.5 \sqrt{\dfrac{1}{10}}$

$\fallingdotseq 123.85$

A 社の信頼上限値：$\mu_{A,U} = \overline{X}_A + Z_{0.025} \times \left(\sigma \sqrt{\dfrac{1}{n_A}} \right)$

$= 124.16 + 1.96 \times 0.5 \sqrt{\dfrac{1}{10}}$

$\fallingdotseq 124.47$

B 社の信頼下限値：$\mu_{B,L} = \overline{X}_B - Z_{0.025} \times \left(\sigma \sqrt{\dfrac{1}{n_B}} \right)$

$$= 125.59 - 1.96 \times 0.5 \sqrt{\frac{1}{10}}$$

$$\fallingdotseq 125.28$$

B社の信頼上限値：$\mu_{B,U} = \overline{X}_B + Z_{0.025} \times \left(\sigma \sqrt{\frac{1}{n_B}} \right)$

$$= 125.59 + 1.96 \times 0.5 \sqrt{\frac{1}{10}}$$

$$\fallingdotseq 125.90$$

b) の場合

1. 方　　針

たがいに独立な2組の母集団の母分散 σ^2 がわからない場合には，σ^2 の代わりに不偏分散 V を用いて，a) と同様に帰無仮説

$$H_0: \mu_A = \mu_B$$

を立てて，2組の平均の差の検定を行う（両側検定）。その際，分散が等しい場合と等しくない場合とで検定統計量 t_0 と棄却域 R が異なる。

❶ 分散が等しい場合

$$t_0 = \frac{(\overline{X}_A - \overline{X}_B) - (\mu_A - \mu_B)}{\sqrt{V \left(\frac{1}{n_A} + \frac{1}{n_B} \right)}} \sim \text{自由度 } \phi = n_A + n_B - 2 \text{ の } t \text{ 分布 } t(\phi, \alpha)$$

ただし，AとBのそれぞれの偏差平方和を S_A，S_B としたとき

$$V = \frac{S_A + S_B}{n_A + n_B - 2}$$

である。また，統計量と棄却域 R はつぎのようになる。

統計量と棄却域 R　　$|t_0| \geq t\left(\phi, \frac{\alpha}{2} \right)$

❷ 分散が等しくない場合（Welch の検定）

$$t_0 = \frac{(\overline{X}_A - \overline{X}_B) - (\mu_A - \mu_B)}{\sqrt{\frac{V_A}{n_A} + \frac{V_B}{n_B}}} \sim \text{自由度 } \phi^* \text{ の } t \text{ 分布 } t(\phi^*, \alpha)$$

ただし，自由度 ϕ^* は，次式により求められる。

$$\frac{1}{\phi^*} = \frac{c^2}{n_A - 1} + \frac{(1-c)^2}{n_B - 1},$$

$$c = \frac{\frac{V_A}{n_A}}{\frac{V_A}{n_A} + \frac{V_B}{n_B}}$$

$$V_A = \frac{S_A}{n_A - 1}, \quad V_B = \frac{S_B}{n_B - 1}$$

棄却域 R　$|t_0| \geq t\left(\phi^*, \dfrac{\alpha}{2}\right)$

2. 解　析
1) 等分散性の検定

まず，2 組の母集団の母分散が等しいかどうかを検定する。その際の検定には，検定統計量 $F_0 = V_A/V_B$ が，自由度 $\phi_A = n_A-1, \phi_B = n_B-1$ の「F 分布」に従うことを利用する。なお，F 分布については付録に解説がある。

$$F_0 = \dfrac{V_A}{V_B} \quad \sim \quad 自由度 \phi_A = n_A-1, \phi_B = n_B-1 \text{ の } F \text{ 分布 } F(\phi_A, \phi_B ; \alpha)$$

この関係を用いて以下のような検定を行う。

帰無仮説　$H_0 : \sigma_A^2 = \sigma_B^2$

対立仮説　$H_1 : \sigma_A^2 \neq \sigma_B^2$

有意水準　$\alpha = 0.05$ (5 %) 両側検定

統計量と棄却域 R　$F_0 \geq F\left(\phi_A, \phi_B ; \dfrac{\alpha}{2}\right)$ または $F_0 \leq F\left(\phi_A, \phi_B ; 1-\dfrac{\alpha}{2}\right)$

ただし $\phi_A = n_A-1$, $\phi_B = n_B-1$

帰無仮説と棄却域の関係を示したのが図 5.3 である。

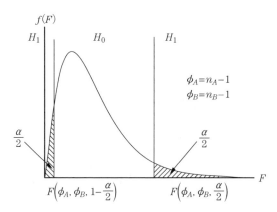

図 5.3　帰無仮説と棄却域（等分散性の検定）

ここで，F 分布（付表 3〜付表 6）の上側確率の値と下側確率の値にはつぎの関係がある。

$$F\left(\phi_A, \phi_B ; \dfrac{\alpha}{2}\right) = \dfrac{1}{F\left(\phi_B, \phi_A ; 1-\dfrac{\alpha}{2}\right)}$$

データより

$V_A = 0.3160$, $V_B = 0.3477$, $\phi_A = 9$, $\phi_B = 9$

$$F_0 = \frac{V_A}{V_B} = \frac{0.3160}{0.3477} = 0.9088 < 1.0$$

F 分布の上側確率の値と下側確率の値の関係より

$$F\left(\phi_A, \phi_B; \frac{\alpha}{2}\right) = F(9, 9; 0.025) = 4.026$$

$$F\left(\phi_A, \phi_B; 1-\frac{\alpha}{2}\right) = F(9, 9; 0.975)$$

$$= \frac{1}{F(9, 9; 0.025)} = \frac{1}{4.026}$$

$$= 0.2484$$

① 検 定

$F_0 = 0.9088 < F(9, 9; 0.025) = 4.026$

$F_0 = 0.9088 > F(9, 9; 0.975) = 0.2484$

H_0 は採択され,分散は異なるとはいえない。

2) 平均の差の検定

1) より2組の母集団の母分散が異なるとはいえないことがわかったので,分散が等しい場合の検定を行う。

帰無仮説　$H_0 : \mu_A = \mu_B$

対立仮説　$H_1 : \mu_A \neq \mu_B$

有意水準　$\alpha = 0.05$ (5%) 両側検定

統計量と棄却域 R　$|t_0| \geq t\left(\phi, \frac{\alpha}{2}\right)$

$$t_0 = \frac{(\overline{X_A} - \overline{X_B}) - (\mu_A - \mu_B)}{\sqrt{V\left(\frac{1}{n_A} + \frac{1}{n_B}\right)}} \sim \phi = n_A + n_B - 2 \text{ の } t \text{ 分布 } t(\phi, \alpha)$$

データより

$n_A = 10$, $n_B = 10$

$\overline{X_A} = \dfrac{1241.6}{10} = 124.16$, $\overline{X_B} = \dfrac{1255.9}{10} = 125.59$

$V = \dfrac{S_A + S_B}{n_A + n_B - 2} = \dfrac{2.844 + 3.129}{10 + 10 - 2} = 0.332$

$t_0 = \dfrac{(\overline{X_A} - \overline{X_B}) - (\mu_A - \mu_B)}{\sqrt{V\left(\dfrac{1}{n_A} + \dfrac{1}{n_B}\right)}} = \dfrac{(124.16 - 125.59) - 0}{\sqrt{0.332\left(\dfrac{1}{10} + \dfrac{1}{10}\right)}} = -5.549^{**}$

$t\left(\phi, \dfrac{\alpha}{2}\right) = t(18, 0.025) = 2.101$

① 検 定

$|t_0| = 5.549 > t(18, 0.025) = 2.101$

よって，H_0 は棄却され A 社と B 社の平均は同じであるとはいえない。

② 推 定

❶ **2 組の差の点推定**

$$\hat{\delta} = \overline{X}_A - \overline{X}_B = -1.43$$

区間推定（95 % 信頼区間）

信頼下限値：$\delta_L = \overline{X}_A - \overline{X}_B - t(18, 0.025) \times \sqrt{\dfrac{V}{n_A} + \dfrac{V}{n_B}}$

$$= -1.43 - 2.101 \times \sqrt{\dfrac{0.332}{10} + \dfrac{0.332}{10}}$$

$$\cong -1.97$$

信頼上限値：$\delta_U = \overline{X}_A - \overline{X}_B + t(18, 0.025) \times \sqrt{\dfrac{V}{n_A} + \dfrac{V}{n_B}}$

$$= -1.43 + 2.101 \times \sqrt{\dfrac{0.332}{10} + \dfrac{0.332}{10}}$$

$$\cong -0.89$$

A 社と B 社の平均の差に関して，点推定値は $-1.43\,\mathrm{g}$，その 95 % 信頼区間は $-1.97\,\mathrm{g} \sim -0.89\,\mathrm{g}$ であるといえる。

❷ **おのおのの点推定**

$$\hat{\mu}_A = \overline{X}_A, \quad \hat{\mu}_B = \overline{X}_B$$

区間推定（95 % 信頼区間）

A 社の信頼下限値：$\mu_{A,L} = \overline{X}_A - t(18, 0.025) \times \sqrt{\dfrac{V}{n_A}}$

$$= 124.16 - 2.101 \times \sqrt{\dfrac{0.332}{10}}$$

$$\fallingdotseq 123.78$$

A 社の信頼上限値：$\mu_{A,U} = \overline{X}_A + t(18, 0.025) \times \sqrt{\dfrac{V}{n_A}}$

$$= 124.16 + 2.101 \times \sqrt{\dfrac{0.332}{10}}$$

$$\fallingdotseq 124.54$$

B 社の信頼下限値：$\mu_{B,L} = \overline{X}_B - t(18, 0.025) \times \sqrt{\dfrac{V}{n_B}}$

$$= 125.59 - 2.101 \times \sqrt{\dfrac{0.332}{10}}$$

$$\fallingdotseq 125.21$$

B 社の信頼上限値：$\mu_{B,U} = \overline{X}_B + t(18, 0.025) \times \sqrt{\dfrac{V}{n_B}}$

$$= 125.59 + 2.101 \times \sqrt{\frac{0.332}{10}}$$

$$\fallingdotseq 125.97$$

問題 5.3

画像フィルム加工に，密着式フィルムプリンタを使用している。フィルムの厚さは 0.200 mm 以下である。いま 2 台の装置で加工を行っている。この 2 台の装置は形式が異なるため加工されたフィルムの厚さが違うように思われるので，それぞれデータをとってみたところ，つぎの**表 5.3** の結果を得た。2 台の装置の平均について差があるかどうかを検討しなさい。ただし，試料はランダムにとるようにした。有意水準 5 ％で検定しなさい。

表 5.3 2 台の装置の乳剤の塗布データ〔mm〕

1 号機	2 号機
0.182	0.189
0.181	0.192
0.182	0.186
0.189	0.194
0.181	0.190
0.191	0.196
0.185	0.184
	0.187

問題 5.4

A 組と B 組から 10 人ずつ選抜して実力テストを行った結果がつぎの**表 5.4** である。B 組の方が A 組より優れているといえるか。また差はどれくらいとみたらよいか。その際等分散性の検定は，有意水準 5 ％で行いなさい。

表 5.4 A 組と B 組の実力テスト結果〔点〕

No.	A 組	B 組	No.	A 組	B 組
1	435	470	6	465	480
2	445	480	7	445	482
3	475	468	8	480	474
4	452	478	9	454	485
5	462	466	10	440	468

課題 5.2

表 5.5 はある産業における平成 17 年と 18 年の，都道府県別の従業員一人あたりの年間売上高（万円）のデータである．平成 17 年と 18 年では平均に差があるだろうか．有意水準 5％ で検定しなさい．

表 5.5　従業員一人あたりの年間売上高〔万円〕

都道府県	H 17 年	H 18 年	都道府県	H 17 年	H 18 年
北 海 道	1 666	1 576	滋 賀 県	1 741	1 771
青 森 県	1 471	1 475	京 都 府	1 539	5 468
岩 手 県	1 580	1 587	大 阪 府	2 090	2 360
宮 城 県	1 691	1 677	兵 庫 県	1 659	1 529
秋 田 県	2 013	1 717	奈 良 県	1 881	2 721
山 形 県	1 118	1 226	和歌山県	1 054	1 351
福 島 県	1 367	1 249	鳥 取 県	1 786	2 001
茨 城 県	1 864	1 716	島 根 県	1 405	1 390
栃 木 県	1 328	2 065	岡 山 県	1 660	1 766
群 馬 県	1 435	1 357	広 島 県	1 903	1 937
埼 玉 県	1 976	1 859	山 口 県	1 094	1 386
千 葉 県	1 744	2 210	徳 島 県	2 032	1 775
東 京 都	2 323	3 137	香 川 県	1 795	1 845
神奈川県	2 286	2 627	愛 媛 県	1 181	1 768
新 潟 県	1 549	1 353	高 知 県	1 225	1 460
富 山 県	1 795	1 746	福 岡 県	1 924	2 207
石 川 県	1 573	1 806	佐 賀 県	1 198	1 173
福 井 県	1 402	1 551	長 崎 県	997	1 000
山 梨 県	1 016	1 341	熊 本 県	1 225	1 415
長 野 県	1 487	1 484	大 分 県	1 477	1 624
岐 阜 県	1 866	1 892	宮 崎 県	1 227	1 231
静 岡 県	1 291	1 366	鹿児島県	1 375	1 490
愛 知 県	1 945	2 410	沖 縄 県	1 351	1 290
三 重 県	1 247	1 297			

課題 5.3　一対比較の問題（t 検定の応用）

表 5.5 のデータから判断して，各都道府県では平成 17 年よりも 18 年の方が売上高は伸びているだろうか．つまりどの県も平成 18 年の方が売上高が伸びているといえるだろうか．有意水準 10％ で一対比較を行いなさい．

課題 5.4

各自が母集団の比較用に集めたデータを用いて，両者（母集団）を平均の値

から見て違いがあるか有意水準5％で検定しなさい。

5.3 母分散の検定と推定

学習項目

　一つの母分散の検定と推定
・χ^2分布（χ^2-distribution）

ポイント

　母平均の議論と同様に，一つの母分散の検定および推定に関して学ぶ。2組の母分散の検定に関してはすでに5.2節で学んだが，ここではさらに，分散比の推定について学ぶ。

〔1〕 一つの母分散の検定と推定

　検討の対象とする母集団の母分散 σ^2 が，従来の母分散 σ_0^2（既知）と等しいという帰無仮説を立てて母分散の検定を行う。その際，対象とする正規分布 $N(\mu, \sigma^2)$ から得られた n 個のデータの偏差平方和 S を，従来の母分散 σ_0^2 で割った統計量 χ_0^2 が，自由度 $\phi=n-1$ の「χ^2分布」に従うことを利用する。母分散の推定にもこの関係を用いる。

例題 5.3

　ある工場で製造される製品Aの板厚の標準偏差は，従来0.10 mmで管理状態にあったという。最近製造方法を変更したため，まず従来のバラツキとの違いの有無を比較検討することにした。そこで，ランダムにつぎの**表5.6**の10

表5.6　変更後のデータ〔mm〕

No.	データ	No.	データ
1	3.90	6	3.95
2	4.05	7	4.02
3	4.15	8	4.05
4	4.10	9	4.10
5	3.90	10	3.95

個のデータを得た。従来のバラツキと異なると判断してよいか。有意水準5％で検定しなさい。

解 答

1. 方 針

変更後のバラツキ σ^2 が変更前のバラツキ σ_0^2 と等しいという帰無仮説を立てて母分散の検定を行う。その際，正規分布 $N(\mu, \sigma^2)$ から得られた n 個のデータの偏差平方和 S を用いて，検定のための統計量 χ_0^2 はつぎのようになる。

$$\chi_0^2 = \frac{S}{\sigma_0^2} \sim \quad 自由度 \phi = n-1 の \chi^2 分布 \quad \chi^2(\phi, \alpha)$$

2. 解 析

この関係を用いて，つぎの母分散の検定を行う。帰無仮説と棄却域の関係は**図 5.4** のとおりである。

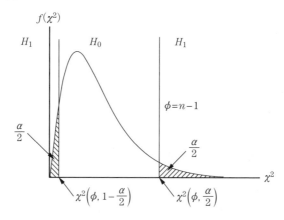

図 5.4 帰無仮説と棄却域（母分散の検定）

帰無仮説　$H_0 : \sigma^2 = \sigma_0^2$

対立仮説　$H_1 : \sigma^2 \neq \sigma_0^2$

有意水準　$\alpha = 0.05$（5％）両側検定

統計量と棄却域 R　$\chi_0^2 \geq \chi^2\left(\phi, \frac{\alpha}{2}\right)$ または $\chi_0^2 \leq \chi^2\left(\phi, 1-\frac{\alpha}{2}\right)$

> **参考**：自由度が大きい場合には，つぎの関係より正規分布を利用して検定できる。
>
> $$Z = \sqrt{2\chi^2} - \sqrt{2\phi - 1}$$

5.3 母分散の検定と推定

データより
$S = 0.07$, $\phi = 9$, $\sigma_0^2 = (0.10)^2$
$\chi_0^2 = \dfrac{S}{\sigma_0^2} = \dfrac{0.07}{0.01} = 7.0$

① 検　定

χ^2 分布表（付表 7）より
$\chi_0^2 = 7.0 \leq \chi^2(9, 0.025) = 19.02$
$\chi_0^2 = 7.0 \geq \chi^2(9, 0.975) = 2.70$
H_0 は採択され，分散は異なるとはいえない。

② 推　定

点推定
$$\hat{\sigma}^2 = \dfrac{S}{\phi} = \dfrac{S}{n-1}$$
$$= \dfrac{0.07}{9} = 0.007\,8$$

区間推定（95 % 信頼区間）：

信頼下限値と信頼上限値は，つぎの関係から求められる。
$$\chi^2\left(\phi, 1-\dfrac{\alpha}{2}\right) < \dfrac{S}{\sigma_0^2} < \chi^2\left(\phi, \dfrac{\alpha}{2}\right)$$

信頼下限値： $\sigma_L^2 = \dfrac{S}{\chi^2\left(\phi, \dfrac{\alpha}{2}\right)}$
$= \dfrac{0.07}{19.02}$
$= 0.003\,7$

信頼上限値： $\sigma_U^2 = \dfrac{S}{\chi^2\left(\phi, 1-\dfrac{\alpha}{2}\right)}$
$= \dfrac{0.07}{2.70}$
$= 0.025\,9$

変更後の母分散に関して，点推定値は $0.007\,8\,\text{mm}^2$，その 95 % 信頼区間は $0.003\,7 \sim 0.025\,9\,\text{mm}^2$ であるといえる。

例題 5.4

例題 5.2 の b) の条件の場合について，A 社と B 社の両社の母分散の違いを検討し，さらに分散比の推定について 95 % 信頼区間で検討しなさい。

解 答

1. 方　針

例題 5.2 で検定の手順についての説明は行っているので，ここでは要点と推定だけについて述べることにする。A 社のバラツキ $\sigma_A{}^2$ が B 社のバラツキ $\sigma_B{}^2$ と等しいという帰無仮説を立てて分散の検定を行う。その際，5.2 節で説明したように，2 組の母分散の関係が $\sigma_A{}^2 = \sigma_B{}^2$ ならば，統計量 $F = V_A/V_B$ が，自由度 $\phi_A = n_A - 1$, $\phi_B = n_B - 1$ の F 分布に従うことを利用する（図 5.3）。

2. 解　析

帰無仮説　$H_0 : \sigma_A{}^2 = \sigma_B{}^2$

対立仮説　$H_1 : \sigma_A{}^2 \neq \sigma_B{}^2$

有意水準　$\alpha = 0.05$ （5 %）　両側検定

統計量と棄却域 R　$F_0 \geq F\left(\phi_A, \phi_B ; \dfrac{\alpha}{2}\right)$ または $F_0 \leq F\left(\phi_A, \phi_B ; 1 - \dfrac{\alpha}{2}\right)$

① 検　定

データより

$$V_A = 0.316\,0, \quad V_B = 0.347\,7, \quad \phi_A = 9, \quad \phi_B = 9$$

$$F_0 = \frac{V_A}{V_B} = \frac{0.316\,0}{0.347\,7} = 0.908\,8 < 1.0$$

$$F_0 = 0.908\,8 < F(9, 9 ; 0.025) = 4.026$$

$$F_0 = 0.908\,8 > F(9, 9 ; 0.975) = 0.248\,4$$

H_0 は採択され，分散は異なるとはいえない。

② 推　定

分散比の区間推定 (95 % 信頼区間)

信頼下限値と信頼上限値は，つぎの関係から求められる。

$$\frac{1}{F\left(\phi_A, \phi_B ; \dfrac{\alpha}{2}\right)} \cdot \frac{V_A}{V_B} \leq \frac{\sigma_A{}^2}{\sigma_B{}^2} \leq F\left(\phi_B, \phi_A ; \dfrac{\alpha}{2}\right) \cdot \frac{V_A}{V_B}$$

信頼区間

$$\frac{1}{4.026} \times \frac{0.316\,0}{0.347\,7} \leq \frac{\sigma_A{}^2}{\sigma_B{}^2} \leq 4.026 \times \frac{0.316\,0}{0.347\,7}$$

$$0.226 \leq \frac{\sigma_A{}^2}{\sigma_B{}^2} \leq 3.659$$

問題 5.5

ある鋼板のロットから 20 個の試料をとり，その厚さを測定したところ，つ

ぎの値（単位：mm）が得られた。この鋼板のバラツキの大きさはどのくらいの範囲にあるかを調べなさい（95％信頼区間）。

2.98	2.60	2.75	2.79	2.87	2.90	2.89
2.93	2.99	3.02	3.08	3.26	3.14	2.84
2.76	2.79	2.84	2.83	2.69	2.49	

問題 5.6

ある粒状お菓子の重量の分散は，$19.2\,\text{mg}^2$ であった。今度新しい製造機を導入した。それで作った粒状お菓子 20 粒の重量を測定し，偏差平方和を計算したら $832\,\text{mg}^2$ であった。新しい製造機により作られたものと従来の製造機によりつくられたものの重量のバラツキに差があるといえるだろうか。有意水準 1％ で検定しなさい。

6. 計数値に関する検定と推定

6.1 母比率の検定と推定

学習項目

・二項分布（binomial distribution）の部分和
・標準正規分布近似（standard normal distribution approximation）
・母比率（population ratio）の検定と推定

ポイント

長さや重さなどの計量値のデータと同様に，個数や人数などの計数値のデータに対する検定や推定問題について考える。まずここでは，製品の不良率のような比率あるいは割合に関する問題について学ぶ。

〔1〕 二項分布の部分和と標準正規分布近似

比率 p に関する問題，例えば，試験において 1000 人の受験者があり，その試験において合格者数が希望する x 人以上となる確率 $p(x)$ を求める問題の計算では，「二項分布の部分和」より直接計算することもできるが，つぎの条件を満たす場合には，「標準正規分布への近似（標準正規分布近似）」により計算することができる。

$np \geqq 5$

$n(1-p) \geqq 5$

ここで，その試験の合格率が p であるとする。上記確率 $p(x)$ を，標準正規分

布への近似により求めるには，次式のように，規準化する際に二項分布に従う X の平均が $E[X] = np$ であり，分散が $V[X] = np(1-p)$ であることを用いる．厳密にいえば，4章で行ったように区間幅による修正（半整数補正）を行った方がよいが，n が大きい場合には実際には問題はない．

$$Z = \frac{X - np}{\sqrt{np(1-p)}} \sim N(0, 1^2)$$

〔2〕 母比率の検定と推定

二項分布に従う確率変数 X の平均 $E[X] = np$，分散が $V[X] = np(1-p)$ であることから，比率の点推定は $\hat{p} = X/n$ で求まる．また，平均は，$E[X/n] = p$，分散は $V[X/n] = p(1-p)/n$ となる．この関係と標準正規分布への近似方法を用いて，母比率の検定と推定を行うことができる．

例題 6.1

毎年卒業研究でアンケート調査を行っている研究室がある．従来，記入漏れなどから回収されたアンケート結果のうち，使えなくなるものが 14％ あった．そこで今年は，アンケート調査表のデザインを工夫してみた．その結果，今年は 350 件回収された中で，記入漏れのため解析に使えないものは 20 件であった．デザインを工夫した効果はあったとみてよいだろうか．また，今年の未記入率はどれくらいとみたらよいか．有意水準 5％ として検討しなさい．また信頼区間 95％ で推定をしなさい．

解答

1. 方　針

デザインを工夫した結果，アンケートの未記入率が下がったかどうか知りたい．アンケートの未記入数は二項分布に従うと考えられる．そこで，従来の未記入率を p_0，今年の未記入率を p として，$p = p_0$ という帰無仮説を立てて未記入率の検定をすればよい．その際，統計量は，$p_0 = 0.14$，$n = 350$ としたとき，未記入数 X が 20 以下である確率 p_{20} はつぎの式により求まる．

$$p_x = p_{20} = \sum_{r=0}^{x=20} {}_nC_r p^r (1-p)^{n-r}$$

2. 解　析

帰無仮説　$H_0: p = p_0$, 　　p_0 : 従来の未記入率
対立仮説　$H_1: p < p_0$, 　　未記入率が下がった
有意水準　$\alpha = 0.05$ (5 %)　片側検定
統計量と棄却域　R　$p_x \leq \alpha$

p_x の値は，二項分布の部分和より直接計算することもできるが，つぎの条件を満たしているので，正規分布への近似により計算することができる。

$np_0 \geq 5$

$n(1-p_0) \geq 5$

ここで，二項分布に従う X の平均が $E[X] = np_0$ であり，分散が $V[X] = np_0(1-p_0)$ であることを用いて，検定にはつぎの統計量を用いる。

$$Z_0 = \frac{X - np_0}{\sqrt{np_0(1-p_0)}} \sim N(0, 1^2)$$

さらにこの場合の棄却域は，つぎのようになる。

統計量と棄却域　R　$|Z_0| \geq Z_\alpha$　片側検定

データより

$n = 350, \quad p_0 = 0.14$

$np_0 = 49 > 5$

$n(1-p_0) = 301 > 5$

したがって，正規分布への近似により計算する。

① 検　定

$np_0 = 49, \quad np_0(1-p_0) = 42.14$

$$Z_0 = \frac{X - np_0}{\sqrt{np_0(1-p_0)}} = \frac{20 - 49}{\sqrt{42.14}} = -4.467^{**}$$

$Z_\alpha = Z_{0.05} = 1.6449$

$|Z_0| = 4.467 > Z_{0.05} = 1.6449$

したがって H_0 は棄却され未記入率は下がったといえる。

② 推　定

二項分布に従う未記入数 X の平均が $E[X] = np$，分散が $V[X] = np(1-p)$ であることから，サンプルの未記入率を表す $p = X/n$ の平均は $E[X/n] = p$，分散は $V[X/n] = p(1-p)/n$ となる。このことを用いて推定を行う。

点推定　$\hat{p} = \dfrac{x}{n} = \dfrac{20}{350}$

　　　　　$\fallingdotseq 0.057$

区間推定（95 % 信頼区間）

信頼下限値：$p_L = \hat{p} - Z_{0.025} \times \sqrt{\dfrac{\hat{p}(1-\hat{p})}{n}}$

$= 0.057 - 1.96 \times \sqrt{\dfrac{0.057(1-0.057)}{350}}$

$\fallingdotseq 0.033$

信頼上限値：$p_U = \hat{p} + Z_{0.025} \times \sqrt{\dfrac{\hat{p}(1-\hat{p})}{n}}$

$= 0.057 + 1.96 \times \sqrt{\dfrac{0.057(1-0.057)}{350}}$

$\fallingdotseq 0.081$

デザイン変更後の未記入率に関して，点推定値は 0.057，その 95 ％ 信頼区間は 0.033 〜 0.081 であるといえる。

問題 6.1

ある企業で製品に対するクレームの件数が多く困っていた。そのクレームの割合は 9 ％ 程度であった。最近，クレーム数を減少させる目的で社員に品質管理の再教育を行った。その結果，最近販売された 245 個の製品に対するクレーム数は 11 件であった。果してクレーム数が減少しただろうか。有意水準 5 ％ として検討しなさい。

表 6.1　アンケート結果

企業名	回答者数〔人〕	就職したいと回答した人数〔人〕	〔％〕
A（電気系）	120	80	0.67
B（電気系）	200	140	0.70
C（電気系）	80	55	0.69
D（電気系）	40	30	0.75
E（金融系）	40	35	0.88
F（金融系）	20	12	0.60
G（金融系）	10	9	0.90
H（金融系）	25	15	0.60
I（金融系）	30	15	0.50

課題 6.1

就職活動を行っている学生に,「就職したい企業かどうか」の企業評価をしてもらった。その結果がつぎの表 6.1 のとおりである。なお,回答はすべて異なる人にお願いした。企業ごとあるいは業界ごとに考察しなさい。

6.2 2組の母比率の差の検定と推定

学習項目

・母比率 (population ratio) の差の検定と推定

ポイント

製造場所の異なる製品の不良率を比較する問題のように,二つの母集団の計数値のデータに対する比率あるいは割合の差に関する検定や推定問題について学ぶ。

〔1〕 母比率の差の検定と推定

二つの母集団 A と B の比率の違いを検討する場合にも,二項分布が用いられる。その場合には,母集団 A の比率を p_A,母集団 B の比率を p_B として,$p_A = p_B$ という帰無仮説を立てて比率の違いの検定をすればよい。その際,$p_A = p_B = p$ という帰無仮説のもとでは,つぎの統計量 Z_0 は,近似的に標準正規分布に従うことを利用する。

$$Z_0 = \frac{p_A - p_B}{\sqrt{\bar{p}(1-\bar{p})\left(\frac{1}{n_A}+\frac{1}{n_B}\right)}} \sim N(0, 1^2)$$

$$\bar{p} = \frac{x_A + x_B}{n_A + n_B}$$

ただし,この正規分布近似により計算する場合にはつぎの条件を満たすことが必要である。

$$n_A p_A \geq 5, \quad n_B p_B \geq 5$$
$$n_A(1-p_A) \geq 5, \quad n_B(1-p_B) \geq 5$$

例題 6.2

卒業研究で，ある事務サービスの評価を男性と女性とで比較するアンケート調査を行った。その結果下の**表 6.2** の結果を得た。男性と女性とで違いがあるかどうか検討しなさい。有意水準 5 % で検定しなさい。

表 6.2 事務サービスの評価〔単位：人〕

	不満足	満足	合計
男性	($x_A =$) 25	150	($n_A =$) 175
女性	($x_B =$) 18	85	($n_B =$) 103
合計	43	235	278

解 答

1. 方　針

男性と女性とで不満足率を比較したい。不満足数は二項分布に従うと考えられる。そこで，男性の不満足率を p_A，女性の不満足率を p_B として，$p_A = p_B$ という帰無仮説を立てて不満足率の検定をすればよい。

2. 解　析

帰無仮説　$H_0 : p_A = p_B$
対立仮説　$H_1 : p_A \neq p_B$
有意水準　$\alpha = 0.05$（5 %）両側検定
統計量と棄却域 R　$|Z_0| \geq Z_\alpha$

データより

$n_A = 175$, $p_A \fallingdotseq 0.143$
$n_B = 103$, $p_B \fallingdotseq 0.175$
$n_A p_A = 25 > 5$, $n_B p_B = 18 > 5$
$n_A(1-p_A) = 150 > 5$, $n_B(1-p_B) = 85 > 5$

したがって，正規分布への近似により計算する。

$$\bar{p} = \frac{x_A + x_B}{n_A + n_B}$$

$$= \frac{25 + 18}{175 + 103}$$

$$= 0.155$$

6. 計数値に関する検定と推定

$$Z_0 = \frac{p_A - p_B}{\sqrt{\bar{p}(1-\bar{p})\left(\frac{1}{n_A} + \frac{1}{n_B}\right)}}$$

$$= \frac{0.143 - 0.175}{\sqrt{0.155(1-0.155)\left(\frac{1}{175} + \frac{1}{103}\right)}}$$

$$\fallingdotseq -0.712$$

$$Z_\alpha = Z_{0.025} = 1.96$$

① 検 定

$|Z_0| = 0.712 < Z_{0.025} = 1.96$

したがって H_0 は採択され不満足率は，男性も女性も変わらない。

② 推 定

男性と女性のそれぞれの不満足数 X_A，X_B は二項分布に従うことからサンプルの不満足率 $p_A = x_A/n_A$，$p_B = x_B/n_B$ の平均と分散は，それぞれ

平均：$E\left[\dfrac{X_A}{n_A}\right] = p_A$，　$E\left[\dfrac{X_B}{n_B}\right] = p_B$，

分散：$V\left[\dfrac{X_A}{n_A}\right] = \dfrac{p_A(1-p_A)}{n_A}$，

$V\left[\dfrac{X_B}{n_B}\right] = \dfrac{p_B(1-p_B)}{n_B}$

となる。したがって，不満足率の差 $\delta = p_A - p_B$ の平均は $E[\delta] = p_A - p_B$，分散は $V[\delta] = p_A(1-p_A)/n_A + p_B(1-p_B)/n_B$ となる。このことを用いて推定を行う。

点推定　$\delta = p_A - p_B = \dfrac{x_A}{n_A} - \dfrac{x_B}{n_B}$

$= 0.143 - 0.175$

$\fallingdotseq -0.032$

区間推定（95％信頼区間）

信頼下限値

$$\delta_L = p_A - p_B - Z_{0.025} \times \sqrt{\frac{p_A(1-p_A)}{n_A} + \frac{p_B(1-p_B)}{n_B}}$$

$$= -0.032 - 1.96 \times \sqrt{\frac{0.143(1-0.143)}{175} + \frac{0.175(1-0.175)}{103}}$$

$$\fallingdotseq -0.122$$

信頼上限値

$$\delta_U = p_A - p_B + Z_{0.025} \times \sqrt{\frac{p_A(1-p_A)}{n_A} + \frac{p_B(1-p_B)}{n_B}}$$

$$= -0.032 + 1.96 \times \sqrt{\frac{0.143(1-0.143)}{175} + \frac{0.175(1-0.175)}{103}}$$

≒ 0.058

男性と女性の不満足率の差に関する点推定値は -0.032，その 95% 信頼区間は，-0.122〜0.058 であるといえる。なお，男性と女性のそれぞれの点推定や区間推定も，5章と同じようにして行える。

問題 6.2

最近，過労の問題が話題になっている。ある二つの業種において過労と診断された人の割合を調査した。その結果が下のデータである。これを見るとどうも二つの業種の過労の割合は異なり，B業種の方が少なそうである。この予測は正しいといえるだろうか。有意水準 5% で検討しなさい。

A業種：350人中過労と判断された人，64人

B業種：400人中過労と判断された人，54人

課題 6.2

「2組の母不良率の差の検定と推定」に関して，各自データを集め，それを解析し，以下の点に注意して考察しなさい。

1) どのような興味があって，そのようなデータを集めたのか。
2) 解析した結果から，どのようなことがわかったか。

7. 適合度の検定

7.1 分割表による検定

学習項目

・独立性の検定（test of independence）
・$k \times m$ 分割表（k-by-m contingency table）

ポイント

いくつかのたがいに排反な因子に対して観測される度数から，仮説を検証する問題について学ぶ．いま，母集団が二つの因子で説明することができるとする．その因子の間に何らかの関係があるのか否かを，観測度数と仮説に基づく期待度数（理論度数）から検定する方法について学ぶ．

〔1〕 **独立性の検定**

母集団あるいは標本に対して二つの因子が考えられる．もし，この因子が原因と結果の関係にあれば，試行結果の度数は，その原因と結果の関係に依存するはずである．「独立性の検定」は，試行結果から片方の因子がもう一つの因子に影響を受けているかを検討するために，二つの因子は無関係（独立）であるという帰無仮説を立てて検定するものである．

〔2〕 **$k \times m$ 分割表**

いま，n 個の標本が二つの因子 A と B のどちらでも分類されるとする．さらに因子 A が排反な m 個の水準に分けられ，因子 B が排反な k 個の水準に

分割されるとする。このとき，n 個の標本は k 行 m 列の表のどこかに分類される。各セルに度数が記載されたものを「$k \times m$ 分割表」という。

例題 7.1

同じ製品規格のものを，甲と乙の会社に製造依頼した。その結果，良品と不良品の数がつぎの**表 7.1** のようになった。甲と乙の会社で不良品の出方に違いがあるかを有意水準 5％ で検定しなさい。

表 7.1 良品と不良品の分割表（2×2）

	甲会社	乙会社	合　計
良　品	520	620	1 140
不良品	15	21	36
合　計	535	641	1 176

解　答

1. 方　針

一般に**表 7.2** の $k \times m$ 分割表が与えられたときの検定の仕方について説明する。ここで，k は行数，M は列数を表している。

表 7.2 $k \times m$ 分割表

	A_1	A_2	・・・・	A_m	合　計
B_1	x_{11}	x_{12}	・・・・	x_{1m}	$X_{1.}$
B_2	x_{21}	x_{22}	・・・・	x_{2m}	$X_{2.}$
・	・	・		・	・
・	・	・		・	・
・	・	・		・	・
B_k	x_{k1}	x_{k2}	・・・・	x_{km}	$X_{k.}$
合　計	$X_{.1}$	$X_{.2}$	・・・・	$X_{.m}$	$X_{..}$

この例題では，因子 A が会社であり，因子 B が良品と不良品を表している。いま，クラス B_i に関する各クラス A_j の出現確率 p_{ij} を考える。この p_{ij} に対して帰無仮説 H_0 を立て検定を行う。

$$H_0 : p_{i1} = p_{i2} = \cdots = p_{im}$$

因子 A と因子 B が独立だとすると条件付き確率より，つぎの関係が導かれる。

$$\Pr\{A \cap B\} = \Pr\{A\} \cdot \Pr\{B\}$$

つぎに各要素の期待度数（理論度数）$x_{ij}{}^*$ を求める。

まず，$\Pr\{A_j\}=\dfrac{X_{\cdot j}}{X_{\cdot\cdot}}$，$\Pr\{B_i\}=\dfrac{X_{i\cdot}}{X_{\cdot\cdot}}$ であるから，二つの因子が独立だとすると

$$\Pr\{A_j\cap B_i\}=\dfrac{X_{\cdot j}}{X_{\cdot\cdot}}\cdot\dfrac{X_{i\cdot}}{X_{\cdot\cdot}}$$

となる。したがって，$x_{ij}{}^*=\dfrac{X_{\cdot j}}{X_{\cdot\cdot}}\cdot\dfrac{X_{i\cdot}}{X_{\cdot\cdot}}\cdot X_{\cdot\cdot}$ となる。

独立性の検定に用いられる統計量は，実際の度数（観測度数）である x_{ij} と，いま求めた期待度数（理論度数）である $x_{ij}{}^*$ からつぎのように計算される。

$$\chi_0{}^2=\sum_{i=1}^{k}\sum_{j=1}^{m}\dfrac{(x_{ij}-x_{ij}{}^*)^2}{x_{ij}{}^*}$$

帰無仮説　$H_0: p_{i1}=p_{i2}=\cdots=p_{im}$
対立仮説　$H_1: B_i$ に関して各 A_j の出現確率 p_{ij} が等しいとはいえない
有意水準　$\alpha=0.05$（上側5％）片側
棄却域　R　$\chi_0{}^2\geqq\chi^2(\phi,\alpha)$，$\phi=(k-1)\times(m-1)$

この検定のための統計量 $\chi_0{}^2$ は，自由度 $\phi=(k-1)\times(m-1)$ の χ^2 分布に従うことを利用して検定を行う。検定を行う際には，$x_{ij}{}^*\geqq 5$ であることが望ましい。

2．解　析

データより，統計量は

$$\chi_0{}^2=\sum_{i=1}^{2}\sum_{j=1}^{2}\dfrac{(x_{ij}-x_{ij}{}^*)^2}{x_{ij}{}^*}=0.219$$

自由度は

$$\phi=(k-1)\times(m-1)=(2-1)\times(2-1)=1$$

検定を行うと

$$\chi_0{}^2=0.219\leqq\chi^2(1,0.05)=3.84$$

したがって，H_0 は採択され甲会社と乙会社の不良の出方に違いがあるとはいえない。

問 題 7.1

電器部品組み立て工場において，甲および乙が組み立てた装置を検査したところ，両者の良品，不良品の個数比較の結果はつぎの**表7.3**のようになった。甲の方が乙よりも熟練しているといえるか。有意水準5％で検定しなさい。

表7.3　良品と不良品の個数一覧

作業者	良品	不良品
甲	19	3
乙	25	7

課題 7.1

A大学で環境保護活動に積極的な学生の数を調べた結果，$(150+C/10)$ 人中，$(55+C/10)$ 人が積極的であると回答した（ただし人数は小数点以下を切り捨てて考える）。このA大学で環境保護活動に積極的な学生の比率はどれだけか。また比率の 95％ 信頼区間はどれだけになるか。また同じ調査を今度は環境保護活動にあまり熱心ではないと聞いているB大学で行った。結果は200人中60人が積極的であると答えた。大学により意識に違いはあるか，分割表を用いて有意水準5％で検定しなさい。

ここで定数 "C" は，課題用のものであり，ここでは2桁を考えている。例えば各自の生年月日の日にちとすればよい。したがって，5月16日生まれの人は，$C=16$ となる。

課題 7.2

分割表（3×2分割表）の問題用に各自が集めたデータを用いて，問題を作成し，解答しなさい。

7.2 一様性の検定

学習項目

・一様性の検定（test of homogeneity）

ポイント

ある因子の発生の仕方が水準に関係なく均一かどうかについて議論することを考える。例えば，先に学んだ擬似乱数の生成において，生成された数列が均一かどうか判断する場合などがそれに該当する。統計的にものごとを考える際に，対象とする因子の発生の仕方が均一（一様）であるかどうかは重要な問題である。ここでは，ある因子をいくつかの水準に分け，さらに観測された n 個の標本をその水準に割り振った場合のその度数の均一さ（一様性）を判断す

る方法を学ぶ。

〔1〕 一様性の検定

ある因子をいくつかの水準に分け，さらに観測された n 個の標本をその水準に割り振る。各水準に割り振られた結果である観測度数に対して，発生の仕方は一様であるという帰無仮説を立て，求められる期待度数との差を用いた検定方法である。言い換えれば，水準に分けることが無意味であることを判断することになる。

例題 7.2

量産体制にある製品の一週間の不良品の数の記録が**表7.4**である。毎日の生産高が同じであるとしたとき，不良品の数の出方が曜日により異なるかを検討しなさい。有意水準5％で検定しなさい。

表7.4　一週間の不良品の数

曜日	月	火	水	木	金	土	合計
不良品	12	9	16	11	14	16	78

解答

1. 方針

一様性の検定も7.1節と同様に，実際の度数と期待度数から計算される検定統計量 χ_0^2 により，毎日の不良品の出方が等しいという帰無仮説を立てて検定を行う。いま実際の度数を $x_1, x_2, \cdots, x_m$ としたとき，期待度数は

$$x_i^* = \frac{\sum_{i=1}^{m} x_i}{m}$$

となり，検定のための統計量（χ_0^2）は

$$\chi_0^2 = \sum_{i=1}^{m} \frac{(x_i - x_i^*)^2}{x_i^*}$$

となる。この検定統計量（χ_0^2）が自由度 $\phi = m-1$ の χ^2 分布に従うことを利用して検定を行う。

2. 解析

帰無仮説　　H_0：毎日の不良品の出方が等しい
対立仮説　　H_1：毎日の不良品の出方が等しいとはいえない

有意水準　$\alpha=0.05$（上側5％）片側検定

統計量と棄却域 R　$\chi_0^2 \geq \chi^2(\phi, \alpha)$, $\phi=m-1$

データより

　　$m=6$

期待度数は

$$x_i^* = \frac{\sum_{i=1}^{m} x_i}{m} = \frac{78}{6} = 13$$

統計量は

$$\chi_0^2 = \sum^6 \frac{(x_i - x_i^*)^2}{x_i^*} = \frac{40}{13} \fallingdotseq 3.08$$

自由度は

　　$\phi = m-1 = 6-1 = 5$

検定の結果は

　　$\chi_0^2 = 3.08 \leq \chi^2(5, 0.05) = 11.07$

したがって H_0 は採択され，毎日の不良品の出方は曜日による違いがあるとはいえない。

問題 7.2

織機が8台ある。織機ごとに一定時間内の糸切れ数を数えたら，つぎのとおりであった。織機によって糸切れ数は違うだろうか。有意水準5％および1％で検定しなさい。

　　　　28,　14,　20,　9,　22,　33,　17,　25

7.3　分布の当てはめ

学習項目

・適合度の検定（goodness-of-fit test）
・最尤法（maximum likelihood method）

ポイント

一様性の検定は，分布でいえばデータが一様分布に当てはまるかどうかを判

7. 適合度の検定

断していたものである。ここでは，さらに検討する分布を一般的な確率分布にまで広げ，データの当てはまり具合を検定する方法を学ぶ。その際，分布の母数の推定方法についても学ぶ。

〔1〕 適合度の検定

母集団がいくつかの排反な階級に分割されるとする。いま，試行の結果をその各階級に分割し，それを観測度数とする。さらに仮説に基づき各階級に分割される期待度数を求める。この観測度数と期待度数を比較することにより仮説に適合しているかを検証することを「適合度の検定」と呼ぶ。

〔2〕 最 尤 法

いま推定すべき未知の母数を θ とする。そして確率変数 $X_1, X_2, \cdots, X_n$ の「同時確率密度関数 (joint probability density function)」は以下で与えられる。

$$f(x_1, \cdots, x_n ; \theta) \equiv f(X ; \theta)$$

ここで，確率変数 X_i の密度関数を $f(x ; \theta)$，大きさ n の標本を $x = \{x_1, \cdots, x_n\}$ とする。そこで，この $f(X ; \theta)$ を母数 θ の関数と考え，つぎのように表す。

$$L(\theta) = f(X ; \theta) = f(x_1 ; \theta) f(x_2 ; \theta) \cdots f(x_n ; \theta)$$

(θ：変数，x：固定)

この $L(\theta)$ を「尤度関数 (likelihood function)」と呼ぶ。「最尤法」とは，この尤度関数 $L(\theta)$ を最大にする $\hat{\theta}$ を推定量とする方法である。また，このときの推定量 $\hat{\theta}$ を「最尤推定量 (maximum likelihood estimator)」という。したがって，最尤推定量を求めるには，以下の式を解けばよい。

$$\frac{\partial L(\theta)}{\partial \theta} = 0, \quad \text{あるいは} \quad \frac{\partial}{\partial \theta} \log L(\theta) = 0$$

参 考

確率変数 X が正規分布に $N(\mu, \sigma^2)$ に従うとき，得られたデータ $(x_1, x_2, \cdots, x_n)$ から，母数である母平均 μ と母分散 σ^2 の最尤推定量を求めよ。

参考の解答

尤度関数は

$$L(\theta)=f(\boldsymbol{X};\theta)=\prod_{i=1}^{n}f(x_i;\theta)=\frac{1}{(\sigma\sqrt{2\pi})^n}\exp\left\{-\frac{1}{2\sigma^2}\sum_{i=1}^{n}(x_i-\mu)^2\right\}$$

となる。したがって，$L(\theta)$ を最大にする θ は

$$\frac{\partial \log L(\theta)}{\partial \theta}=0$$

を解くことによって求まる。ここで θ は μ と σ^2 である。よって，それぞれについて偏微分するとつぎのようになる。

$$\frac{\partial \log L(\mu,\sigma^2)}{\partial \mu}=\frac{1}{\sigma^2}\sum_{i=1}^{n}(x_i-\mu)=0$$

$$\frac{\partial \log L(\mu,\sigma^2)}{\partial (\sigma^2)}=-\frac{n}{2\sigma^2}+\frac{1}{2(\sigma^2)^2}\sum_{i=1}^{n}(x_i-\mu)^2=0$$

この方程式を解くことにより，つぎのようにそれぞれの母数の最尤推定量が求まる。

$$\hat{\mu}=\overline{x}$$

$$\hat{\sigma}^2=\frac{1}{n}\sum_{i=1}^{n}(x_i-\mu)^2$$

例題 7.3

ある市において 100 日間の交通事故件数を調べ下の**表 7.5** を得た。事故件数 X がポアソン分布に従うか検討しなさい。有意水準 5％ で検定しなさい。

表 7.5 100 日間の交通事故件数

件 数	0	1	2	3	4	5	6	7	8	9	10	11
度 数	1	5	16	17	26	11	9	9	2	1	2	1

解 答

1. 方 針

題意から，帰無仮説として事故件数 X が次式のポアソン分布に従うと仮定する。つまり，X がポアソン分布に当てはまると仮定する。これに基づいて期待度数を計算し，検定統計量の χ_0^2 により検定を行う。

$$\text{ポアソン分布}：p(x)=\frac{e^{-\mu}\mu^x}{x!}, \quad x=0,1,2,\cdots$$

ポアソン分布の母数 μ は平均値である。まず，この母数 μ を推定しなくてはならない。例えば最尤法により推定することにする。

いま実際に観測された度数を $f_1, f_2, \cdots, f_m$ としたとき，μ の最尤推定量 $\hat{\mu}$ は以下の式で求められる。

$$\hat{\mu} = \frac{\sum_{i=1}^{m} x_i f_i}{n}, \quad n：データ数，m：クラスの数$$

まず，この推定量を用いて求められる期待度数 f_i^* を求める。そして検定のための統計量 χ_0^2 は

$$\chi_0^2 = \sum_{i=1}^{m} \frac{(f_i - f_i^*)^2}{f_i^*}, \quad m：クラスの数$$

となる。

2. 解 析

帰無仮説 H_0：交通事故件数はポアソン分布に従う
対立仮説 H_1：交通事故件数はポアソン分布に従っていない
有意水準 $\alpha = 0.05$（上側5％）片側
統計量と棄却域 $R \quad \chi_0^2 \geq \chi^2(\phi, \alpha), \quad \phi = m - 1 - c$

ここで，c はデータから推定される母数の数である。なお c および検定の際の自由度に関しては後述する。

データより

$$\hat{\mu} = \frac{\sum_{i=1}^{m} x_i f_i}{n} = \frac{420}{100} = 4.2$$

となり，これを用いて期待（理論）度数はつぎの**表7.6**のようになる。

表7.6　100日間の交通事故件数

件　数	0	1	2	3	4	5	6	7	8	9	10	11
観測度数	1	5	16	17	26	11	9	9	2	1	2	1
期待度数	1.5	6.3	13.2	18.5	19.4	16.3	11.4	6.9	3.6	1.7	0.7	0.4

ここで検定の精度を考えた場合，期待度数とクラスの数（この例の場合にはそれぞれ，f_i^* と m）はともに5以上が望ましい。このことからクラスを8個のクラスにプールし，つぎの**表7.7**のようにまとめて検定を行うことにする。

表7.7の結果を用いて，統計量 χ_0^2 はつぎのように求められる。

表7.7　プールした後の100日間の交通事故件数

件　数	0～1	2	3	4	5	6	7	8～11
観測度数	6	16	17	26	11	9	9	6
期待度数	7.8	13.2	18.5	19.4	16.3	11.4	6.9	6.5

$$\chi_0{}^2 = \sum_{i=1}^{8} \frac{(f_i - f_i{}^*)^2}{f^*} \fallingdotseq 6.298$$

> **参考：自由度（degree of freedom）の考え方**
>
> ここで自由度に関してはつぎのように考える。
>
> m 個のマスがあり，各マスの確率変数の発生確率が既知のときには，自由度 ϕ は $\phi = m-1$ となる。一方，発生確率がデータから推定される c 個の母数に依存する場合には，$\phi = m-1-c$ となる。

この場合には，母数 μ を一つ推定し，この値を用いて期待度数を計算しているため，$c=1$ となる。したがって
自由度は

$$\phi = m-1-c = 8-1-1 = 6$$

検定の結果は

$$\chi_0{}^2 = 6.298 \leq \chi^2(6, 0.05) = 12.592$$

となる。よって，H_0 は採択され，交通事故件数がポアソン分布に従うといえる。

問題 7.3

$10\,\mathrm{cm}^2$ の大きさの鋼鈑にメッキを施し，それをおのおのが $1\,\mathrm{cm}^2$ の面積になるように 100 区画作り，そこに発生するさびの発生数を観測した。その発生数 X の度数が以下の**表 7.8** である。このことから，発生数 X が正規分布に従うか検討しなさい。有意水準 5 ％ で検定しなさい。

表 7.8 さびの発生数

発生数	0	1	2	3	4	5	6	7	8	9	10	11
観測度数（区画）	1	3	16	22	25	12	8	8	2	1	1	1

8. 相関分析と回帰分析

8.1 相 関 分 析

学習項目

・散布図（scatter diagram）
・相関係数（correlation coefficient）
・Z 変換（Z-transformation）
・ケンドールの順位相関係数（Kendall's rank correlation coefficient）

ポイント

　二つの事象に関して量的データ分布のバラツキ具合を調べ，二つの事象間に関係があるのかどうかを知る方法を学ぶ。関係があることを相関があるという。また，そのときの関係の強さを表したものが相関係数である。そして，母相関係数 $\rho=0$ という帰無仮説に対する検定方法について学ぶ。ここではさらに順位データに関する相関係数についても学ぶ。

〔1〕散　布　図

　二つの事象を表す変数を縦軸・横軸にとり，観測して得られた量的データを分類することなくプロットしたものを，「散布図」または「相関図」と呼ぶ。

〔2〕相　関　係　数

　二つの事象の関連性の強さを表したものが「相関係数」である。その数値の範囲は -1 から 1 で，絶対値が 1 に近いほど関係が強いことを示し，散布図上

の点が直線的に並ぶようになる。x軸の変量が増えるとy軸の変量が増える関係がある場合は，散布図が右上がりの点列となり「正の相関」があるという。このとき，相関係数は正の値をとる。逆にx軸の変量が増えるとy軸の変量が減少する関係がある場合は，散布図が右下がりの点列となり「負の相関」があるという。このとき，相関係数は負の値をとる。また，一定の傾向がない場合に「無相関」という。対象によって異なるが，一般的に相関係数の絶対値が0.6から0.7以上あれば，両者の間には正または負の相関性が認められたと判断することが多い。

〔3〕 Z 変 換

相関係数rが有意である場合には，必要に応じて母相関係数の推定を行うことがある。rはそのままでは正規分布に従わないが，つぎのように変換したZは正規分布に従うことが知られている。

$$z = \frac{1}{2}\ln\frac{1+r}{1-r}$$

例題 8.1

表8.1に示すようにある大学で，15人の学生の入学試験の成績と1年後の評価点（10段階評価）を調べてみた。両者の相関関係を調べなさい。

表8.1 入学試験のときの成績と1年後の評価点

氏名	試験のときの成績 X (300点満点)	1年後の評価点 Y	氏名	試験のときの成績 X (300点満点)	1年後の評価点 Y
A	250	8.4	I	222	8.2
B	190	7.8	J	178	7.6
C	205	8.1	K	236	8.3
D	185	7.2	L	195	8.0
E	165	7.3	M	147	6.7
F	235	8.5	N	253	8.3
G	175	7.5	O	212	7.9
H	245	8.3			

解 答

1. 方 針

まず，n対のデータから散布図を描き関係の強さを調べる。ある程度関連があり

そうならば，次式で求められる試料の相関係数 r を求める。

$$r = \frac{S_{xy}}{\sqrt{S_{xx} \times S_{yy}}}$$

ここで

$$\bar{x} = \frac{\sum_{i=1}^{n} x_i}{n}, \quad \bar{y} = \frac{\sum_{i=1}^{n} y_i}{n},$$

$$S_{xy} = \sum_{i=1}^{n}(x_i - \bar{x})(y_i - \bar{y}) = \sum_{i=1}^{n} x_i y_i - \frac{\sum_{i=1}^{n} x_i \sum_{i=1}^{n} y_i}{n},$$

$$S_{xx} = \sum_{i=1}^{n}(x_i - \bar{x})^2 = \sum_{i=1}^{n} x_i^2 - \frac{\left(\sum_{i=1}^{n} x_i\right)^2}{n},$$

$$S_{yy} = \sum_{i=1}^{n}(y_i - \bar{y})^2 = \sum_{i=1}^{n} y_i^2 - \frac{\left(\sum_{i=1}^{n} y_i\right)^2}{n}$$

母相関係数 ρ について，$\rho = 0$ の有意差検定は，自由度 $\phi = n-2$ の相関係数 r の分布表（付表8）を用いることができる。また，つぎの統計量 t_0 が，自由度 $\phi = n-2$ の t 分布に従うことを利用して有意差検定を行うこともできる。

$$t_0 = r\sqrt{\frac{n-2}{1-r^2}}$$

さらに，$\rho \neq 0$ の場合に相関がどれだけかを知るためには，つぎの Z 変換により得られる値が正規分布に従うことを利用すればよい。

$$Z = \tanh^{-1} r = \frac{1}{2} \ln\left(\frac{1+r}{1-r}\right)$$

> **参考：近似的な Z の分布について**
>
> Z は近似的に，平均値 $(1/2)\ln\{(1+\rho)/(1-\rho)\}$，分散 $1/(n-3)$ の正規分布に従う。また，z と r には以下の関係がある。
>
> $z = \tanh^{-1} r = \text{arctanh } r$
>
> $r = \tanh z$, $(\tanh z = \sinh z / \cosh z)$

2. 解　析

帰無仮説　　$H_0 : \rho = 0$

対立仮説　　$H_1 : \rho \neq 0$

有意水準　　$\alpha = 0.05$ 両側検定

統計量と棄却域 R 　$|r| \geq r\left(\phi, \frac{\alpha}{2}\right)$ 　または 　$|t_0| \geq t\left(\phi, \frac{\alpha}{2}\right)$; $\phi = n-2$

まず散布図はつぎの**図 8.1** のようになる。

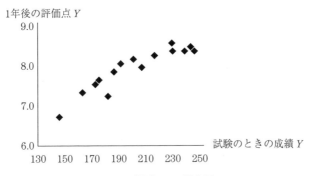

図 8.1 例題 8.1 の散布図

データより

$$r = \frac{S_{xy}}{\sqrt{S_{xx} \times S_{yy}}} = 0.920^{**} \tag{8.1}$$

$$t_0 = r\sqrt{\frac{n-2}{1-r^2}} = 8.476^{**}$$

$$\phi = n - 2 = 13$$

$$r\left(\phi, \frac{\alpha}{2}\right) = r\left(13, \frac{0.05}{2}\right) = 0.5140 \quad \text{または} \quad t\left(\phi, \frac{\alpha}{2}\right) = t\left(13, \frac{0.05}{2}\right) = 2.160$$

$$Z = \tanh^{-1} r = \frac{1}{2} \ln\left(\frac{1+r}{1-r}\right) = 1.590$$

① 検 定

$$r = 0.92 > r\left(13, \frac{0.05}{2}\right) = 0.5140 \quad \text{または} \quad t_0 = 8.476 > t\left(13, \frac{0.05}{2}\right) = 2.160$$

r 表と t 表のどちらの検定でも，$\rho \neq 0$ となり，H_0 は棄却され，さらに正の相関があるといえる。

② 推 定

まず，母相関係数 ρ の点推定は式(8.1)から $\hat{\rho} = r = 0.92$ である。

つぎに r を Z 変換した値が，正規分布に従うと考えられることから，Z 変換された母相関係数の 95 % 信頼区間はつぎのようになる（正の相関の場合）。

$$\text{信頼区間}: \left(Z - \frac{1.96}{\sqrt{n-3}},\ Z + \frac{1.96}{\sqrt{n-3}}\right)$$

したがって，母相関係数の 95 % 信頼区間（ρ_L, ρ_U）はつぎのようになる。

$$\rho_L = \tanh\left(Z - \frac{1.96}{\sqrt{n-3}}\right) = \tanh(1.025) = 0.772$$

$$\rho_U = \tanh\left(Z + \frac{1.96}{\sqrt{n-3}}\right) = \tanh(2.156) = 0.974$$

問題 8.1

つぎの**表 8.2**は，工業塩の全水分と純分（食塩分）を入荷ごとに分析した結果を示したものである。この 31 対のデータより，全水分（x %）と純分（y %：食塩分）との間の相関関係を有意水準 1 % で検討せよ。

表 8.2　分析結果〔%〕

No.	x	y	No.	x	y
1	5.4	91.7	17	7.3	90.2
2	6.1	91.2	18	6.9	90.4
3	6.2	91.5	19	6.7	91.3
4	7.2	91.1	20	6.5	91.2
5	5.5	91.7	21	6.1	91.8
6	7.2	89.9	22	6.1	91.2
7	9.2	88.2	23	6.7	90.9
8	7.9	89.1	24	7.2	90.1
9	7.2	90	25	5.6	92.6
10	8	88.6	26	6.8	90.6
11	8.3	88.5	27	7.1	90.1
12	7.5	89.1	28	6.6	90.4
13	9.6	86.9	29	4.1	93.4
14	10.3	85.8	30	7	90.1
15	9.4	87	31	6.7	90.5
16	8.3	88.5			

〔4〕 ケンドールの順位相関係数

データが「順位（rank）」という特殊な場合の相関係数を順位相関係数という。参考として，ケンドールの順位相関係数を紹介する。

いま，表 8.1 の結果を順位で表すと**表 8.3** となる。これには同順位が含まれている。

この順位データから，入学試験と 1 年後の成績の関係の強さを検討する。

ここで，関数 $\operatorname{sgn}(t)$ を，$t>0$, $t=0$, $t<0$ のとき，それぞれ 1, 0, -1 の値をとるものと定義する。比較する順位の対 (x_i, y_i), (x_j, y_j)；$i<j$ において

$$x_{ij} = \operatorname{sgn}(x_i - x_j)$$

表 8.3　入学試験と1年後の成績順位

氏名	入学試験 X	1年後の成績 Y	氏名	入学試験 X	1年後の成績 Y
A	2	2	I	6	6
B	10	10	J	12	11
C	8	7	K	4	3
D	11	14	L	9	8
E	14	13	M	15	15
F	5	1	N	1	3
G	13	12	O	7	9
H	3	3			

$$y_{ij} = \mathrm{sgn}(y_i - y_j)$$

とする．この値が0となるのは同順位のときである．そこで順位に同順位（タイ）がある場合を考える．いま

$C : x_{ij} y_{ij} = 1$　の個数

$D : x_{ij} y_{ij} = -1$　の個数

$T_x : x_{ij} = 0$　の個数

$T_y : y_{ij} = 0$　の個数

$T_{xy} : x_{ij} = 0$　かつ　$y_{ij} = 0$　の個数

とすると

$$C + D + T_x + T_y - T_{xy} = \frac{n(n-1)}{2}$$

の関係があり順位相関係数 τ はつぎのようになる．

$$\tau = \frac{\sum_{i<j} x_{ij} y_{ij}}{\sqrt{\sum_{i<j} x_{ij}^2 \sum_{i<j} y_{ij}^2}}$$

$$= \frac{C - D}{\sqrt{\frac{n(n-1)}{2} - T_x} \sqrt{\frac{n(n-1)}{2} - T_y}}$$

同順位がない場合にはつぎのようになる．

$$\tau = \frac{C - D}{\frac{n(n-1)}{2}}$$

8. 相関分析と回帰分析

表 8.3 の場合，それぞれの値はつぎのようになる。

$C=92, \quad D=10, \quad T_x=0, \quad T_y=3, \quad T_{xy}=0$

$$\frac{n(n-1)}{2} = \frac{15(15-1)}{2} = 105$$

そして順位相関係数の値は，つぎのようになる。

$$\tau = \frac{C-D}{\sqrt{\frac{n(n-1)}{2}-T_x}\sqrt{\frac{n(n-1)}{2}-T_y}}$$

$$= \frac{92-10}{\sqrt{105-0}\sqrt{105-3}} \fallingdotseq 0.79$$

問題 8.2

ある大学の学生男女に対して，A社，B社，…，N社の計14社の中で就職したい企業を選んでもらった。その希望の多かった順に1位から順位を付け，その結果を**表 8.4** に示した。男女の希望が近いかどうか調べるために，表 8.4 のデータから順位相関係数を求めなさい。

表 8.4 学生の就職希望の多い企業の順位

企業名	男性 X	女性 Y	企業名	男性 X	女性 Y
A	9	10	H	12	12
B	1	1	I	5	5
C	10	9	J	12	12
D	2	2	K	6	6
E	10	10	L	7	7
F	3	3	M	14	14
G	4	4	N	8	8

8.2 回帰分析

学習項目

・回帰直線（regression line）

・条件付き分布（conditional distribution）

・最小2乗法 (least squares method)

ポイント

二つの事象間に相関があることがわかれば，つぎにその二つの事象間の関係を表す式を求めることを回帰分析という．ここでは回帰分析として，一つの変数 x に対してもう一つの変数 y がどの様な変化を示すかを表す式（回帰式）を求める方法について学ぶ．

〔1〕 **回 帰 直 線**

回帰分析では，ある変数 x をもとにして，別の変数 y を表す式（回帰式）を求める．x と y の関係が直線であれば，その傾き（回帰係数）とその切片を求めれば，x と y の関係を表す式である「回帰直線」が求まる．

〔2〕 **条件付き分布**

回帰直線は，X を固定したときの Y の「条件付き分布」として求められる．ここで，X を独立変数（説明変数），Y を従属変数（目的変数）といい，その回帰直線はつぎのような1次式で書き表せる．

$$E[Y|X=x] = \alpha + \beta x$$

これは任意の X に対して，Y が平均値 $\alpha + \beta X$ であることを意味している．さらに分散が σ^2 の正規分布に従うものと仮定し，n 対のデータから最小2乗法を用いて α と β は推定される．

〔3〕 **最 小 2 乗 法**

観測値が x, y の2次元の平面に分布するものとし，予測される分布が母数 θ を用いて $y = f(x; \theta)$ の形で表される場合を考える．

いま，実際に観測された n 対のデータがあるとする．それを

$$(x, y) = (x_1, y_1), (x_2, y_2), \cdots, (x_n, y_n)$$

とする．これらのデータから，母数 θ を推定して $y = f(x; \theta)$ を想定し，予測される理論値として $(x, f(x)) = (x_1, f(x_1)), (x_2, f(x_2)), \cdots, (x_n, f(x_n))$ が得られるとする．

このとき実際の観測値と理論値の誤差（残差という）は，各 i につき

8. 相関分析と回帰分析

$|y_i - f(x_i)|$ となる。予測式の精度を良くするためには，残差が最も少なくなるように母数 θ を確定すればよい。そのためには，次式のような残差の平方和を考える。

$$Q = \sum_{i=1}^{n}(y_i - f(x_i; \theta))^2$$

この Q の値を最小とするように母数 θ を定めるのが「最小2乗法」の基礎的な考え方である。

例題 8.2

ある工場で，作業者数と生産量の関係を調べたところ**表8.5**のようであった。この結果から，作業者数を X，生産量を Y として，回帰直線 $Y = \alpha + \beta X$：（α と β は係数）を求めなさい。

表8.5 作業者数と生産量

作業者数	1	2	3	4	5	6	7	8
生 産 量	4	6	10	10	15	15	16	20

解 答

1. 方 針
まず，データから散布図を描く（**図8.2**）。

2. 解 析
最小2乗法により α と β はつぎのように推定できる。

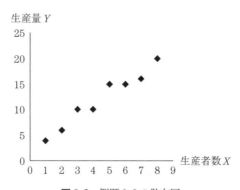

図8.2 例題8.2の散布図

$$\alpha = \frac{\sum_{i=1}^{n} y_i \sum_{i=1}^{n} x_i^2 - \sum_{i=1}^{n} x_i \sum_{i=1}^{n} x_i y_i}{n \sum_{i=1}^{n} x_i^2 - \left(\sum_{i=1}^{n} x_i\right)^2} = \bar{y} - \beta \bar{x}$$

$$\beta = \frac{n \sum_{i=1}^{n} x_i y_i - \sum_{i=1}^{n} x_i \sum_{i=1}^{n} y_i}{n \sum_{i=1}^{n} x_i^2 - \left(\sum_{i=1}^{n} x_i\right)^2}$$

上記の式とデータより

$$\hat{\alpha} = 2.25, \quad \hat{\beta} = 2.167$$

と推定される。したがって回帰直線はつぎのようになる。

$$Y = 2.25 + 2.167 X$$

なお，このときの相関係数は，この直線のデータへのあてはまりの良さを表している。

問題 8.3

例題8.1において，入学試験の成績をX，1年後の評価点をYとして，回帰直線 $Y = \alpha + \beta x$：（αとβは係数）を求めなさい。

課題 8.1

いま，10人の身長Y〔cm〕と体重X〔kg〕を計測した。表8.6のデータを用いて，身長を目的変数，体重を説明変数として，回帰直線を求めた。その結果が

$$Y = 131.69 + 0.61 X$$

であった。ここである人がYを説明変数とし，Xを目的変数とした回帰直線を求めるために，この式から

$$X = \frac{1}{0.61}(Y - 131.69)$$

とした。この方法の是非について考察しなさい。

表 8.6 身長と体重のデータ

サンプル	身長 Y〔cm〕	体重 X〔kg〕	サンプル	身長 Y〔cm〕	体重 X〔kg〕
1	170	60	6	172	65
2	160	55	7	168	72
3	165	52	8	162	55
4	180	74	9	176	70
5	175	70	10	177	60

課題 8.2

表 8.7 のデータは，都内の A 区と S 区の分譲マンション価格である．マンション価格を目的変数 Y として回帰直線を求め，二つの区の特徴を比較しなさい．

表 8.7 分譲マンション価格と専有面積

A 区		S 区	
価格〔万円〕	専有面積〔m²〕	価格〔万円〕	専有面積〔m²〕
4 198	98.54	6 780	90.17
4 700	95.87	7 540	82.71
3 920	92.40	6 910	86.54
3 300	67.00	7 500	81.12
4 400	86.19	7 390	84.60
5 400	106.35	9 940	102.00
3 848	72.21	5 190	78.30
3 450	82.43	7 170	78.67
4 990	95.94	5 510	80.43
3 699	70.56	6 890	72.03
4 779	82.72	7 650	90.14
2 790	59.01	6 780	78.89
4 480	78.38	8 380	92.77
3 338	78.03	4 100	72.00
		8 780	90.12

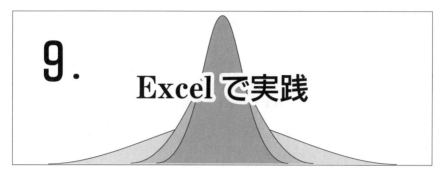

9. Excel で実践

ここでは 1～8 章で学んだ例題を実際に Microsoft Excel®（以下，Excel と略す）を用いて解いてみる。

Excel には，よく使う値や計算手順が「関数」として用意されている。本書ではできる限り簡便な方法を採用しながら，四則演算といったような Excel の基本的な計算機能と関数を使って数理統計の問題を解いていくことにする。また，参照時の便宜を考えて，各例題の解説のはじめには，その例題で使われる新出関数の一覧を「新しい関数」の欄で示すことにするので利用してもらいたい。

9.1 標本空間と条件付き確率

___
新しい関数

COMBIN （①, ②）　総数 ① 個から ② 個選ぶ組合せの数を求める。
PERMUT （①, ②）　総数 ① 個から ② 個選ぶ順列の数を求める。
___

〔1〕 見出し，数値の入力

Excel を起動し，A列に例題 1.1 に必要な見出しをつける[1]。そして，それぞれの右側に，必要な数値を入力する。図 9.1 は，例題 1.1 の見出しと数値を入力したときのイメージ図である。Excel は同じグループのデータを縦

---
[1] 結果を見やすくするためのものであるので，計算内容にはまったく関係がない。初学者は省略しても良いだろう。

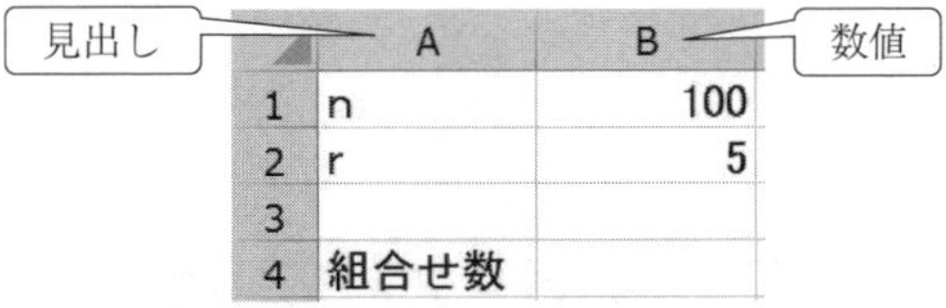

104　　9. Excel で 実 践

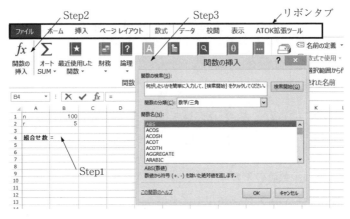

図 9.1　見出しと数値入力

(列) または横 (行) のいずれの方向に入力しても同じように扱うことができるが，本書では列方向に同じグループのデータを並べて入力することを原則にする。

〔2〕 関数を用いた計算

Excel の関数は，画面上部の「数式」のリボンタブをクリックし，「関数の挿入」をクリックすることで使用することができる[2]。先に答えを表示したいところをクリックしておき，続いて「関数の挿入」を押せば図 9.2 が表示されるので，後は手順に従えばよい。

本書では，ここで初めて関数を使うので，以下で組合せを求める手順を詳しく説明する。以後，関数を使用するときは，同じ手順の繰り返しである。

図 9.2　関数を使う

2　もしくは，数式バーの f_x ボタンをクリックすることでも同じである。数式バーがないときは，画面上部の「表示」のリボンタブをクリックし，「表示」の枠の中の「数式バー」の □ にチェックを入れる。

関数の手順

Step 1 答えを表示する場所をクリックする（図 9.2 では B4）。

Step 2 「数式」のリボンタブをクリックし，「関数の挿入」をクリックする。

Step 3 「関数の分類」から任意の関数の分類をクリックする（この場合は数学/三角）。

Step 4 「関数名」から「COMBIN」をクリックする。

Step 5 「OK」を押すと，図 9.3 の画面が表示される。

図 9.3 データ選択画面

図 9.3 のような，データ選択画面が表示されるので，「数値 1」と表示された枠の右端の ボタンを押した上で，データが入力されているセルを指定する。正しく選択できたところで ボタンを押すと[3]，図 9.3 の画面に戻る。図 9.3 の画面が表示されたところで，「OK」ボタンを押すと，答えが表示される。では，実際に例題の解説をする。

n 個から r 個を選び出す方法の数を求めるには，直接，COMBIN 関数を用いて求めるか，あるいは，PERMUT 関数を用いて求めることができる。

例題 1.1

Step 1 図 9.4 のように n（例題 1.1 の店舗に揃えてある商品数＝100）と r（例題 1.1 の売れた商品の数＝5 個）の見出しと，その数値を入力する。

Step 2 見出し「組合せ数」を入力し，その右側に COMBIN 関数を使って求める。

---

[3] キーボードの Enter キーを押しても良い。

図9.4 例題1.1の結果

	A	B	C
1	n	100	
2	r	5	
3			
4	組合せ数	75287520	

図9.4　例題1.1の結果

	A	B	C
1	n	100	
2	r	5	
3	n−r	95	
4			
5	組合せ数	75287520	

（PERMUT関数を用いた場合）
図9.5　例題1.1の結果

参考：PERMUT関数を用いた求め方

Step 1　図9.5のように n, r の見出しと，その数値を入力する．また，その下側に $n-r$ の見出しとセルB3に「＝B1−B2」を入力する．

Step 2　見出し「組合せ数」を入力し，その右側にPERMUT関数を使い，セルB5に「＝PERMUT(B1, B1)/PERMUT(B2, B2)/PERMUT(B3, B3)」と入力する．

例題1.1の応用問題

商品の構成要素（A：惣菜である．B：A社製品である，C：単価が500円以上の製品である）の各組合せ（すべてに該当しない場合を含めた全8通り）の商品である確率をそれぞれ求め，それをグラフにすることを考える．

Step 1　図9.6のように，各組合せ（全8通り）の確率を求める．

	A	B	C	D	E
1	組合せ	A	B	C	確率
2	1	A1 (惣菜である)	B1 (A社製品である)	C1 (500円以上)	0.03
3	2	A1	B1	C2 (500円以下)	0.07
4	3	A1	B2 (A社製品でない)	C1	0.03
5	4	A1	B2	C2	0.17
6	5	A2 (惣菜でない)	B1	C1	0.09
7	6	A2	B1	C2	0.31
8	7	A2	B2	C1	0.25
9	8	A2	B2	C2	0.05

図9.6　各組合せにおける確率

Step 2　Step 1で求めた確率のグラフを作成するため，見出しを含むデータ（図9.6ではE1〜E9）を選択し，「挿入」のリボンタブをクリックする．そして，図9.7に示されるように，「グラフ」の右下のポイント から「グラフの挿入」を呼び出す．

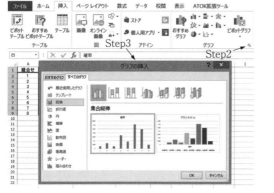

図 9.7　グラフの作成

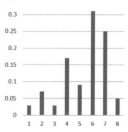

図 9.8　結果の表示画

Step 3　「グラフの挿入」が表示されるので，「すべてのグラフ」の中の，グラフの種類から「縦棒」を，形式から任意の形式を選択し，OK を押す．図 9.8 は，例題 1.1 の結果の応用問題のイメージ図である．

例題 1.2

図 9.9 のような表を作成して例題 1.2 を考える．

	A	B	C	D	E
1	車企業	Pr{A}	Pr{B | A}	Pr{A}・Pr{B | A}	Pr{A | B}
2	A1	0.50	0.15	0.075	0.41
3	A2	0.30	0.20	0.06	0.32
4	A3	0.20	0.25	0.05	0.27
5	計	1.00	−	0.185	1.00

セル右下のポイント

図 9.9　例題 1.2 の結果の表

Step 1　縦に「車企業」を，横に必要となる確率の見出しを入力する．

Step 2　D 列に，B 列と C 列を掛け合わせた計算結果を表示する．よって，セル D2 に計算式「＝B2＊C2」と入力する．また，同様の計算を D3，D4 で行う場合は，計算式を入力したセル（ここでは，D2）の右下のポイントにマウスのカーソルを持っていき，下方向にドラッグ[4]する．

4　ドラッグとは，マウスの左スイッチを押しながら選択範囲をなぞること．

Step 3 最終的に求めたい確率をE列に計算するため，各D列をD列の合計（ここでは，D5）で割った計算結果を表示する．よって，セルE2に計算式「＝D2/D$5」[5] と入力し，Step2と同様，下方向にドラッグする．

9.2 いくつかの平均値

新しい関数

AVERAGE（①）　データ①の算術平均値を求める．
GEOMEAN（①）　データ①の幾何平均値を求める．
HARMEAN（①）　データ①の調和平均値を求める．
MEDIAN（①）　データ①の中央値を求める．
MODE.SNGL（①）　データ①の最頻値を求める．

例題2.1の答えを出しながら，新しい関数について説明していく．

例題 2.1

Step 1 「算術平均値」や「幾何平均値」などのこれから求める値の見出しを入力する．図9.10は，例題2.1のデータを入力したときのイメージ図である．

　図9.10　データ入力　　　　　図9.11　データ選択画面

5　$マークは，列（または行）番号の前に付けることで，ドラッグした際などでも，列（または行）を固定することができる．上の例では，下方向にドラッグすると行番号が随時変化するため，行番号を固定するためには「D$5」のように，行番号を表す数字の前に$が付いている．

Step 2　「関数名」から「AVERAGE」を選択する。

Step 3　**図 9.11** のようなデータ選択画面の，「数値 1」と表示された枠の右端の ボタンを押した上で，データをドラッグ[6] する。図 9.10 のように入力したのであれば，A 1 から A 7 までをドラッグする。正しく選択できたところで ボタンを押し，「OK」ボタンを押すと，答えが表示される。

その他の値の計算

算術平均値を求めた場合と同じ手順で，幾何平均値，調和平均値，中央値，最頻値を求める。算術平均値を求めるときには，「AVERAGE」関数を用いたが，その他の値を求めるときには，それぞれ以下の関数を用いる。**図 9.12** は，例題 2.1 で求めたすべての値を Excel の関数で計算した結果である。

幾何平均値	GEOMEAN
調和平均値	HARMEAN
中央値	MEDIAN
最頻値	MODE.SNGL

	A	B	C	D
1	11		算術平均値	6.7142857
2	3		幾何平均値	6.1744926
3	6		調和平均値	5.6284264
4	9		中央値	6
5	8		最頻値	6
6	4			
7	6			
8				

図 9.12　Excel の関数による計算結果

9.3　標本標準偏差，標本ヒズミ，標本トガリ

新しい関数

STDEV.S（①）　データ① の標本標準偏差を求める。

VAR.S（①）　データ① の不偏分散を求める。

SKEW（①）　データ① の標本ヒズミを求める。

KURT（①）　データ① の標本トガリを求める。

例題 2.1 で学んだ標本平均値を求める関数 AVERAGE と標本標準偏差を

6　この操作が難しいと感じる場合には，選択範囲の先頭をはじめにクリックし，続いてキーボードの Shift キーを押しながら選択範囲の末尾をクリックしても同じ結果となる。

求めるための新しい関数 STDEV.S を使って，例題 2.2 を解いてみよう。

ここでは，実際に値を求めるため，標本平均値と表現している。

例題 2.2

Step 1　データおよび見出しを入力する（**図 9.13**）。

Step 2　例題 2.1 に示した要領で，見出し「標本平均値」の右側に AVERAGE 関数を，見出し「標本標準偏差」の右側に STDEV.S を使って答えを求める[7]（**図 9.14**）。

	A	B	C	D
1	3.1		標本平均値	
2	2.4		標本標準偏差	
3	4			
4	2.8			
5	3.6			
6	2.9			

図 9.13　データを入力する

	A	B	C	D
1	3.1		標本平均値	3.133333
2	2.4		標本標準偏差	0.578504
3	4			
4	2.8			
5	3.6			
6	2.9			

図 9.14　例題 2.2 の結果

例題 2.3

これまでの例題と同様に，SKEW 関数，KURT 関数を用いて，標本ヒズミ，標本トガリを求める結果は**図 9.15** のようになる。なお，標本トガリは 3 を引いた値である。

標本ヒズミ，標本トガリを計算する基本となっているのは，積率であるが，Excel には積率を求める関数が用意されていない。さらに，Excel で用いられ

	A	B	C	D	E
1	2		標本ヒズミ	-0.01135	
2	5		標本トガリ	-0.11876	
3	6				
4	7				
5	9				
6	3				
7	4				
8	7				
9	6				
10	5				

図 9.15　例題 2.3 の結果

7　STDEV.S 関数で求めることができるのは，不偏分散（VAR.S 関数で求められる）の平方根によって与えられる値である.母分散（VAR.P 関数で求められる）の平方根で与えられる標準偏差は，STDEV.P 関数を使って求めることができる。

ている計算式は，本文の定義式とは異なっている．そこで，以下ではExcelを使って積率を求める方法を考えてみよう．

Step 1　積率はデータと標本平均値の差を2乗，3乗，…のようにべき乗しながら加えた値の平均値であるから，はじめにAVERAGE関数を使ってデータの平均値を求めておこう（図 9.16 のセルD2）．

	A	B	C	D
1	データ	平均値との差	差のべき乗	標本平均値
2	2	-3.4	-39.304	5.4
3	5	-0.4	-0.064	
4	6	0.6	0.216	
5	7	1.6	4.096	
6	9	3.6	46.656	
7	3	-2.4	-13.824	
8	4	-1.4	-2.744	
9	7	1.6	4.096	
10	6	0.6	0.216	
11	5	-0.4	-0.064	
12			-0.072	

図 9.16　積率を求める

Step 2　データと Step 1 で求めた標本平均値との差を求める．差を求めるためには答えを記入するセルに計算式を埋める．図 9.16 の例でセル A2 のデータとセル D2 の標本平均値の計算結果の差を求めるためには，セル B2 に「＝A2－D2」のように式を入力する．以下，これをデータの数だけ繰り返す[8]．

Step 3　ここでは，3次の積率を求めてみる．そこで，Step 2 で求めた値の3乗を求めてみよう．図 9.16 の例では，セル C2 に「＝B2^3」のように式を入力する．記号「^」はべき乗を表す記号である．

Step 4　最後に，Step 3 で求めた値の平均値を AVERAGE 関数を用いて計算する．図 9.16 の例では，セル C12．ここで求まった値が，平均の周りの積率（この例では平均の周りの3次の積率）である．

Step 5　ここから，標本ヒズミと標本トガリを求めるのは簡単である．まず，セル D3 に2乗の平均を計算しておく．そして例えば，セル D4 に標本ヒ

---

[8] 同様の式を入力する時には，式を入力するセルをクリックした後，キーボードの Ctrl キーを押したまま，D を押すと，クリックしたセルのすぐ上の式がコピーされる．同様の式を多く入力する際に便利な機能である．ただし，この場合には，セル B2 を「＝A2－D$2」のようにしておくことが必要である．

ズミの値を求めるときには，$m_3/m_2^{3/2}$ を求めればよいのだから，セルD4に「＝C12／D3＾(3／2)」のように入力する。標本トガリについても同様に求めることができる。

9.4 ヒストグラム

新しい関数

ヒストグラム（分析ツール）
データから度数分布表やヒストグラムを作る。

これまで，Excel関数を用いていろいろな統計指標を求めてきたが，ここではExcelの「分析ツール」を使って，ヒストグラムを作成する。

Step 1 図9.17のように，Excelのワークシートに例題2.4のデータと解答に示されたそれぞれの「級」の上側の値を入力する（下限の値は入力する必要はない）。

Step 2 図9.18に示すように，「データ」のリボンタブをクリックし，「分析」の中にある[9]「データ分析」を選択する。

図9.17　データと級の上限を入力　　図9.18　分析ツールを選択

[9] ない場合には，「ファイル」のタブ→「オプション」→「Excelのオプション」の中の「アドイン」→「分析ツール」を選び，「設定」をクリック→「分析ツール」の□にチェックを入れて，「OK」をクリックする。

9.4 ヒストグラム

Step 3 図 9.19 のように「分析ツール」の手法が表示されるので，「ヒストグラム」を選択する。

Step 4 ヒストグラムを選択すると，図 9.20 のような画面が表示されるので，関数を使用したときと同じ要領で，データ（Excel では「入力範囲」と表示されている）と級の上限（Excel では「データ区間」と表示されている）を選択する。

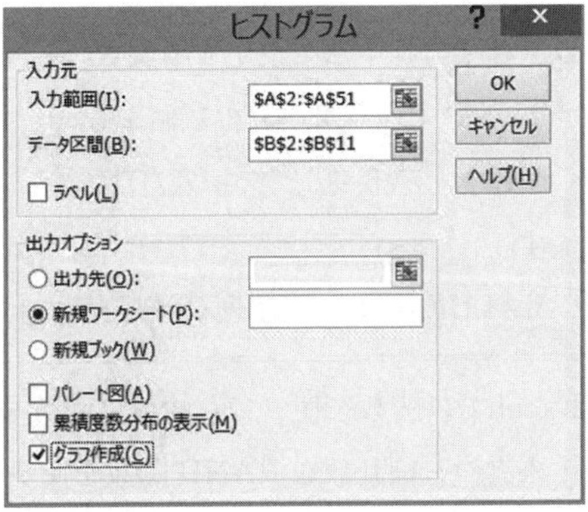

Step 5 「グラフを作成」をチェック（□をクリックする）して，「OK」を選択する。

図 9.19 ヒストグラムを選択

図 9.20 データ・級の上限の選択

Step 6 データを入力したシートとは別のシート[10]に，図 9.21 のように度数分布表とヒストグラムが表示される。

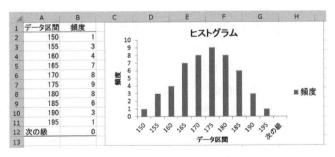

図 9.21 度数分布表とヒストグラム

---

10 シートの切り替えは，画面下のシートタブ Sheet1 Sheet2 Sheet4 Sheet3 をクリックする。

9.5 乱　　　数

新しい関数

RAND（　）　0〜1の範囲の乱数を作る。

RANDBETWEEN（①,②）　①〜②の範囲の乱数を作る。

以下は平方採中法で使用する関数

TEXT（①,②）　①の数値を②の書式の文字列に変換する。

MID（①,②,③）　文字列①の②文字目から③桁の文字列を抜き出す。

VALUE（①）　文字列①を数値に変える。

Excelでは関数を使って，簡単に乱数を作ることができる。ここでは，0以上1未満の一様乱数をRAND関数を使って作ってみよう。

Step 1　乱数を作成するセルに「＝RAND（　）」のように入力する（図9.22ではセルA1）。

	A	B
1	0.033604	
2	0.817248	
3	0.403074	
4	0.798446	
5	0.751433	
6		

図9.22　乱数の作成

Step 2　必要な数の乱数が作成されるまで，Step 1を繰り返す[11]。

平方採中法による乱数の作成

ここでは，ExcelのRAND関数を使わずに，例題3.1に示された平方採中法を用いて乱数を作る方法を考えてみよう。

11　同様の関数を繰り返し入力する方法は，例題2.3に示したように，入力したいセルを選択した後にCtrlキーを押しながらDを押せばよい。この他にも，始めに入力したセルをクリックし，セルの右下に出る■（ 0.751433 ）にマウスを合わせ，マウスの左スイッチを押したまま移動させると式をコピーすることができる。

平方採中法は「①：任意の数字を指定する，②：①の数字を2乗（平方）して，真中の4桁を乱数として採用（採中）する（①で入力した数字は乱数ではない），③：②で得た乱数を使い，②の操作を繰り返す」といった，きわめて簡単な操作によって乱数を得ようとするものである。

Step 1 任意の数値（例題3.1では3579）を入力する（図9.23ではセルB2）。

	A	B	C	D	E	F	G
1	i	Xi	Xi^2	文字列に変換	真中の4文字を抽出	数字に戻す	
2	0	3579	12809241	12809241	8092	8092	
3	1	8092	65480464	65480464	4804	4804	
4	2	4804	23078416	23078416	0784	784	
5	3	784	614656	00614656	6146	6146	
6	4	6146	37773316	37773316	7733	7733	
7	5	7733	59799289	59799289	7992	7992	

図 9.23　平方採中法による乱数の作成

Step 2 Step 1の数値を2乗する（図9.23では，セルC2をクリックして「＝B2^2」のように入力する）。

Step 3 TEXT関数を使用して，Step 2の結果を8桁の文字列に変換する。Step 2の結果が8桁以下である場合には，先頭に0を埋めるようにするため，書式には"00000000"を指定する（図9.23では，セルD2をクリックして「＝TEXT(C2,"00000000")」のように入力する）。

Step 4 MID関数を使用して，中央4桁を抜き出す。この例では8桁の中央4桁であるから，3桁目から4文字を抜き出す（図9.23では，セルE2をクリックして「＝MID(D2,3,4)」のように入力する）。

Step 5 VALUE関数を用いてStep 4の結果を数値に戻す（図9.23では，セルF2をクリックして「＝VALUE(E2)」のように入力する）。

Step 6 Step 5の結果を乱数として採用する。

Step 7 つぎの乱数を得るために，Step 6の結果を使い，Step 1～6を繰り返す（図9.23では，セルB3をクリックして「＝F2」のように入力する）[12]。

12　B～Fの列は，必要な数だけ式をコピーすればよい。

9.6 二項分布，正規分布，逆関数法

> **新しい関数**
>
> BINOM.DIST（ ） 二項分布の確率
> NORM.DIST（ ） 正規分布の確率
> **以下は例題 3.2〜例題 3.4 では使用しない**
> POISSON.DIST（ ） ポアソン分布の確率
> WEIBULL.DIST（ ） ワイブル分布の確率
> EXPON.DIST（ ） 指数分布の確率

例題 3.2

Step 1 図 9.24 のように例題 3.2 で求めたい実現値 X（二つのサイコロを 6 回投げたときに，目の合計が 9 となる回数）の値を入力しておく。

Step 2 発生確率を求めるセル（図 9.24 では B2）を選択し，「数式」のリボンタブをクリックし，「関数の挿入」をクリックして，BINOM.DIST を選択すると，図 9.25 のような画面が表示される。

図 9.24 実現値 X を入力　　図 9.25 BINOM.DIST の設定

Step 3 問題は 2 個のサイコロを投げることを「6 回」繰り返したとき，目の合計が 9 となることが「X 回」起きる確率を求めることである。したがっ

9.6 二項分布，正規分布，逆関数法

て，図 9.25 の画面では，「成功回数」に「X」を，試行回数に「6」を，「成功率」には「合計が 9 となる確率 1/9」を入れる．「関数形式」には「TRUE」または「FALSE」を書き込む．

「TRUE」は，「○○以下が起きる確率」を求めたいときに使う[13]．一方で，例題 3.2 のように，「目の数の合計が 9 となる確率が 0 回」である確率のように，ある一つの現象の起きる確率を求めたいのであれば「FALSE」を指定する．**図 9.26** は例題 3.2 の結果である．

	A	B
1	X	発生確率
2	0	0.493270
3	1	0.369953
4	2	0.115610
5	3	0.019268
6	4	0.001806
7	5	0.000090
8	6	0.000002

図 9.26 例題 3.2 の結果

例題 3.3

例題 3.3 は確率変数 X が正規分布 $N(\mu, \sigma^2)$ に従うときの確率を求めるものである．この場合も，例題 3.2 と同様の方法で結果を求めればよい．

例題 3.3 a)

Step 1 発生確率を求めるセルを選択し，「数式」のリボンタブをクリックし，「関数の挿入」をクリックして，NORM.DIST を選択すると，**図 9.27** のような画面が表示される．

Step 2 μ, σ^2 がわかっている場合には，それぞれの値を図 9.27 の平均値

図 9.27 NORM.DIST の設定

---

[13] 例えば「目の数の合計が 9 となるのが 3 回以下」というような場合の確率を差す．すなわち，「目の数の合計が 9 となることが，6 回の試行中，0 回，1 回，2 回または 3 回となる確率」を求めたいのであれば，「TRUE」を指定すれば良い．

と標準偏差に入力すればよい。この問題は μ, σ^2 が与えられているので，あらかじめ基準化しておく必要がある[14]。したがって，平均値には0を，標準偏差には1を指定する。

Step 3 図9.27の X には，例題3.3の Z の値を入力する。例題3.3のa) の場合には2を入力する。関数形式に TRUE を入力すると，$\Pr\{Z<2\}$ が求まる。

Step 4 問題は $\Pr\{Z\geqq 2\}$ を求めることであるから，全体確率1から $\Pr\{Z<2\}$ を引けばよい（図9.28では，セルD2に「＝1－C2」を入力する）。

例題3.3のb)，c) についても，以下を参考に同様の手続きで求めることができる。

	A	B	C	D	E	F
1			Pr{Z<2}	1－Pr{Z<2}		
2	a)	Pr{X≧2σ+μ}	0.977	0.023		
3						
4			Pr{Z<0.5}	Pr{Z<-1.5}	Pr{Z<0.5}-Pr{Z<-1.5}	
5	b)	Pr{-1.5σ+μ≦X<0.5σ+μ}	0.691	0.067	0.625	
6						
7			Pr{Z<0.6}	Pr{Z<0}	[Pr{Z<0.6}-Pr{Z<0}]	[Pr{Z<0.6}-Pr{Z<0}]×2
8	c)	Pr{|X-μ|<0.6σ}	0.726	0.500	0.226	0.451

図9.28　例題3.3の結果

例題3.3 b)

$\Pr\{-1.5\leqq Z<0.5\}$ を求めることは，$\Pr\{Z<0.5\}$ から $\Pr\{Z<-1.5\}$ を引いた値を求める（図9.28では，セルE5に「＝C5－D5」を入力する）ことと同じである。

例題3.3 c)

$\Pr\{0\leqq Z<0.6\}$ を求めることは，$\Pr\{Z<0.6\}$ から $\Pr\{Z<0\}$ を引いた値を求める（図9.28では，セルE8に「＝C8－D8」を入力する）ことと同じである[15]。c) の答えは，この値を2倍すればよい（図9.28では，セルF8に「＝E8＊2」を入力する）。

14　$Z=(X-\mu)/\sigma$ のような変換をすること。変換後の確率変数 Z は標準正規分布 $N(0,1^2)$ に従う。

15　正規分布が左右対称な分布であるという性質を使って，$0.5-\Pr\{Z<0.6\}$ としても同じである。事実，$\Pr\{Z<0\}$ は 0.5 である。

例題 3.4

逆関数法は，例題 3.1 で学習した一様乱数をもとに，様々な確率分布に対応した乱数を生成する方法である。

Step 1 例題 3.1 で使用した RAND 関数を使って，一様乱数を作成する（図 9.29 では，セル A 2 に「＝RAND()」を入力し，下のセルにコピーする）。

	A	B	C
1	一様乱数	指数乱数	
2	0.04		
3	0.32		
4	0.04		
5	0.62		
6	0.47		
7	0.00		
8	0.23		
9	0.15		
10	0.19		
11	0.35		

図 9.29　一様乱数の作成

	A	B	C
1	一様乱数	指数乱数	
2	0.10	0.11	
3	0.38	0.48	
4	0.08	0.08	
5	0.99	4.61	
6	0.13	0.14	
7	0.66	1.08	
8	0.31	0.37	
9	0.85	1.90	
10	0.64	1.02	
11	0.74	1.35	

図 9.30　例題 3.4 の結果

Step 2 Step 1 で求めた一様乱数を R とすると，指数乱数 X は

$$X = -\frac{1}{\lambda}\ln(1-R)$$

で求めることができる。例題 3.4 では，$\lambda=1.0$ であるので，上の式で $(1/\lambda)$ は省略することができる。したがって

$$X = -\ln(1-R)$$

を乱数を求めるセルに入力する（図 9.29 では，セル B 2 に「＝ーln(1ーA 2)」を入力し，下のセルにコピーする）。

図 9.30 は，例題 3.4 の結果である。例題 3.4 とまったく同じ結果を得たい場合には，RAND 関数で作成した A 列の一様乱数を，例題 3.4 に示された一様乱数のデータに置き換えればよい。

9.7 正規分布の和の分布

新しい関数

NORM.DIST（①, ②, ③, ④）　平均②，標準偏差③の正規分布で，①以下の値が発生する確率（④がTRUEのとき）[16]。

SQRT（①）　データ①の平方根（ルート）を求める。

例題 4.1 は「180 cm 以上となる確率」を求める問題である。一方で，NORM.DIST 関数は，ある値以下になる確率を求める関数である。したがって，「180 cm 以上となる確率」は，全体確率 1 から「180 cm 以下となる確率」を引くことによって求められる。

Step 1 「180 cm 以下となる確率」を表示したいセルをクリックし，これまでと同様の方法で NORM.DIST 関数を指定すると，図 9.31 のような画面が表示される。

図 9.31　NORM.DIST 関数への入力

Step 2 図 9.31 の①に 180，②に平均値 175，③に標準偏差 SQRT(7^2/10)，④に TRUE を入力する。

Step 3 「180 cm 以下となる確率」を表示したいセルをクリックし，Step 2 の答えと全体確率 1 との差が表示されるように入力する（図 9.32 の場合には，セル B2 に「＝1−B1」を入力する）。

16　④が FALSE のときは，確率密度関数の値が与えられる。

9.7 正規分布の和の分布

	A	B
1	180cm以下の確率	0.988051
2	180cm以上の確率	0.011949

図 9.32 結果の表示画面

例題 4.1 の応用問題

平均値 0, 分散 1^2 の標準正規分布と, その和の分布の確率密度関数の形状を観察しよう。

Step 1 標準正規分布の実現値 X の範囲は, おおよそ -3 ~ 3 の範囲に収まる。はじめに, 確率密度関数の値を計算する際の, X の値を -3 から 0.5 刻みで 3 まで入力しておく (**図 9.33**)。

	A	B	C	D
1	X	N(0,1^2)	5個の和	10個の和
2	-3.0			
3	-2.5			
4	-2.0			
5	-1.5			
6	-1.0			
7	-0.5			
8	0.0			
9	0.5			
10	1.0			
11	1.5			
12	2.0			
13	2.5			
14	3.0			

図 9.33 実現値 X の入力

	A	B	C	D
1	X	N(0,1^2)	5個の和	10個の和
2	-3.0	0.004432	1.50928E-10	3.61126E-20
3	-2.5	0.017528	1.46064E-07	3.38226E-14
4	-2.0	0.053991	4.04996E-05	2.60028E-09
5	-1.5	0.129518	0.003217278	1.64096E-05
6	-1.0	0.241971	0.073224913	0.008500367
7	-0.5	0.352065	0.477486412	0.361444785
8	0.0	0.398942	0.892062058	1.261566261
9	0.5	0.352065	0.477486412	0.361444785
10	1.0	0.241971	0.073224913	0.008500367
11	1.5	0.129518	0.003217278	1.64096E-05
12	2.0	0.053991	4.04996E-05	2.60028E-09
13	2.5	0.017528	1.46064E-07	3.38226E-14
14	3.0	0.004432	1.50928E-10	3.61126E-20

図 9.34 確率密度の計算

Step 2 $N(0, 1^2)$ の確率密度関数の値を例題 4.1 の要領で求める。この際, 図 9.31 の ① には, Step 1 で入力した X の値を入力する (図 9.33 の例では, A 2 を指定する)。② には 0, ③ には 1, ④ には FALSE を指定する。

Step 3 式を下向きにコピーする。

Step 4 和の分布の確率密度関数の値を求めるために, Step 2, 3 の操作を繰り返す。ただし, 標準偏差は 5 個の和, 10 個の和のそれぞれで, 「SQRT (1/5)」, 「SQRT (1/10)」となることに注意する (**図 9.34**)。

Step 5 グラフを作成するために, タイトルを含む全データ (図 9.34 では A 1 ~ D 14) を選択し, 「挿入」のリボンタブをクリックし, 「グラフ」の右下のポイント ⌐ から 「グラフの挿入」を呼び出す。

Step 6 図9.35が表示されるので，グラフの種類から「散布図」を，形式から任意の形式を選択し，「完了」をクリックすると，図9.36が得られる．

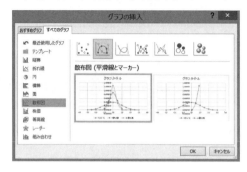

図9.35 グラフの挿入

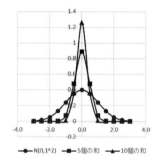

図9.36 結果の表示画面

9.8 中心極限定理

新しい関数

SUM（①）　データ①の合計を求める．

例題4.2の方法にしたがって，正規乱数を作るために，はじめにnの数を定めよう．ここでは，$n=4$として，乱数を作ることを考える．

Step 1 図9.37の①のように，RAND関数を使って4個1組の一様乱数を作成する（図9.37では，10個の正規乱数を作るために，4個1組の一様乱

	A	B	C	D	E	F	G	H
1			一様乱数の組				正規乱数の作成	
2		乱数1	乱数2	乱数3	乱数4	一様乱数の合計	-n/2	/sqrt(n/12)
3	①	0.473	0.810	0.263	0.545	2.091	0.091	0.157
4	②	0.112	0.655	0.139	0.327	1.233	-0.767	-1.329
5	③	0.500	0.762	0.087	0.485	1.834	-0.166	-0.288
6	④	0.457	0.813	0.609	0.164	2.042	0.042	0.073
7	⑤	0.384	0.999	0.656	0.696	2.735	0.735	1.273
8	⑥	0.938	0.212	0.353	0.391	1.894	-0.106	-0.184
9	⑦	0.787	0.751	0.855	0.280	2.674	0.674	1.167
10	⑧	0.882	0.847	0.991	0.094	2.815	0.815	1.412
11	⑨	0.219	0.240	0.653	0.695	1.808	-0.192	-0.333
12	⑩	0.299	0.904	0.973	0.513	2.689	0.689	1.193

図9.37 正規乱数の作成

数を10組作成している)。

Step 2 図9.37の②のように，SUM関数を用いて一様乱数1～4の合計を求める（図9.37の場合にはセルF3に「=SUM(B3:E3)」のように入力し，下のセルにコピーする）。

Step 3 Step 2の結果から，$n/2$ を引く（図9.37の場合には，セルG3に「=F3-4/2」のように入力し，下のセルにコピーする）。

Step 4 Step 3の結果を，$\sqrt{n/12}$ で割る（図9.37の場合には，セルH3に「=G3/SQRT(4/12)」のように入力し，下のセルにコピーする）。

9.9 母平均の検定と推定

新しい関数

NORM.S.INV (①) 標準正規分布の下側（確率）①×100％点の値を求める。

T.INV (①,②) 自由度②のt分布の下側（確率）①×100％点の値を求める。

例題 5.1 a)

「母分散既知の場合の平均値に関する検定」の問題である。この問題は，Z_0 と $Z_{0.025}$ を求めて比較するだけでよいので，Excel の NORM.S.INV 関数と計算機能を使って簡単に解くことができる。

Step 1 図9.38の①のように，検定の対象となるデータを入力する。

Step 2 検定統計量 Z_0 を求めるために，②のように平均値 $\bar{X}$（図9.38の場合には，セルD2に「=AVERAGE(A2:A11)」のように入力する），検定統計量 Z_0 の分子 $\bar{X}-\mu_0$（同様に，セルD3に「=D2-30」のように入力する），分母 $\sigma_0/\sqrt{n}$ を求める（同様に，セルD4に「=0.02/SQRT(10)」のように入力する）。

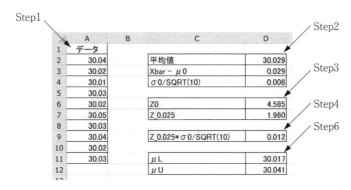

図 9.38 検定実施のための計算

Step 3 Step 2 の結果を用いて Z_0 を求める（図 9.38 の場合には，セル D 6 に「＝D 3/D 4」のように入力する）。

Step 4 NORM.S.INV 関数を用いて $Z_{0.025}$ を計算する。このとき，NORM.S.INV(①)関数は下側①×100％の値を求める関数であるから，有意水準 $\alpha=0.025\times100$％の場合には，下側 $(1-0.025)\times100$％の値を NORM.S.INV 関数で求めなければならないことに注意する（図 9.38 の場合には，セル D 7 に「＝NORM.S.INV(1－0.025)」のように入力する）。

Step 5 Step 3 および Step 4 で求めた二つの値の大小を比較して，検定を行う。この例題では Z_0 の値が $Z_{0.025}$ の値よりも大きいので，帰無仮説は棄却される。

Step 6 これまでに求めた $\bar{X}$, $Z_{0.025}$, $\sigma_0/\sqrt{n}$ の値を使って，95 パーセント信頼区間を求める（図 9.38 では，セル D 11 に「＝D 2－D 7 ＊ D 4」，セル D 12 に「＝D 2＋D 7 ＊ D 4」のように入力する）。

例題 5.1 b)

例題 5.1 b) は，先に示した a) と同じ要領で考えることができるが，母分散が未知であるときには，不偏分散をデータから求めることと，t 分布を用いることの 2 点が異なる。以下では，例題 5.1 a) と異なる操作の部分だけを示す。

Step 1 例題 5.1 a) と同様。

Step 2 σ_0 に既知の値 0.02 を指定していたが,これを STDEV.S 関数によって,データから求めた標本標準偏差に置き換える(**図 9.39** では,セル D 3 に「=STDEV.S(A 2 : A 11)」のように入力する)。

	A	B	C	D
1	データ			
2	30.04		平均値	30.029
3	30.02		標準偏差	0.012
4	30.01		Xbar − μ0	0.029
5	30.03		σ0/SQRT(10)	0.004
6	30.02			
7	30.05		t0	7.660
8	30.03		t(9,0.025)	2.262
9	30.04			
10	30.02		t(9,0.025)*σ0/SQRT(10)	0.009
11	30.03			
12			μL	30.020
13			μU	30.038

図 9.39 例題 5.1 b)

Step 3 例題 5.1 a) と同様。

Step 4 NORM.S.INV 関数に変え,T.INV 関数を用いて $t_{(9,0.025)}$ を求める(図 9.39 では,セル D 8 に「=T.INV(1−0.025, 9)」のように入力する。)

Step 5 Z_0 を t_0 に,$Z_{0.025}$ を $t_{0.025}$ に読み換えて,検定を実施する。

Step 6 Step 5 と同様の読み換えを行い,例題 5.1 a) と同じ操作を行う。

9.10 母平均の差の検定と推定

新しい関数

VAR.S (①)　データ①の不偏分散を求める。

F.INV.RT (①, ②, ③)　自由度②,③の F 分布の上側(確率)①×100 % 点の値を求める。

例題 5.2 a)

準　備

Step 1 検定の対象となるデータを入力する。

Step 2 AVERAGE 関数を使ってデータの標本平均値を求める（図 9.40 の場合には，セル B 13 に「＝AVERAGE(B 2 : B 11)」を，セル C 13 に「＝AVERAGE (C 2 : C 11)」のように入力する）。

図 9.40　検定実施のための計算

Step 3 A 社，B 社の標本平均値の差を求める（図 9.40 の場合には，セル F 1 に「＝B 13－C 13」のように入力する）。

Step 4 母平均の差である 0 を入力する。

Step 5 標準偏差である 0.5 を入力する。

Step 6 Z_0 の分母の一部となる $\sqrt{1/n_A + 1/n_B}$ を求める（図 9.40 では，セル F 4 に「＝SQRT(1/10＋1/10)」のように入力する）。

検　定

Step 7 検定統計量 Z_0 を求める（図 9.40 では，セル F 6 に「＝(F 1－F 2)/(F 3 ＊ F 4)」のように入力すればよい）。

Step 8 NORM.S.INV 関数を用いて，$Z_{0.025}$ の値を求める。

Step 9 Step 7 の結果と，Step 8 の結果を比較して検定を行う。

推　定

Step 10 これまでの結果を用いて，信頼下限 δ_L, δ_U を求める（図 9.40 では，セル F 9 に「＝F 1－F 7 ＊ F 3 ＊ F 4」，セル F 10 に「＝F 1＋F 7 ＊ F 3 ＊ F 4」のように入力する）。

例題 5.2 b)

本例題は平均値の差の検定に関するものであるが，分散が等しいと考えられる場合と，等しくないと考えられる場合では，検定の手続きが異なるので，等分散性の検定を行う。

等分散性の検定

Step 1 VAR.S 関数を使って，A 社，B 社の不偏分散を求める（図 **9.41** では，セル B 13 に「＝VAR.S(B 2 : B 11)」，セル C 13 に「VAR.S(C 2 : C 11)」のように入力する）。

	A	B	C	D	E	F
1		A社	B社		F0	0.909
2		125.1	126.3		F(9,9,0.025)	4.0260
3		123.6	125.8		F(9,9,0.975)	0.2484
4		125.0	124.9			
5		124.6	125.6			
6		124.0	124.8			
7		123.8	125.3			
8		124.0	124.9			
9		123.5	126.2			
10		123.8	125.8			
11		124.2	126.3			
12						
13	不偏分散	0.3160	0.3477			

図 **9.41** 等分散性の検定

Step 2 不偏分散の比 F_0 を求める（図 9.41 では，セル F 1 に「＝B 13/C 13」のように入力する）。

Step 3 F.INV.RT 関数を用いて，$F(9, 9, 0.025)$ および $F(9, 9, 0.975)$ を求める（図 9.41 では，セル F 2 に「＝F.INV.RT(0.025, 9, 9)」，セル F 3 に「＝F.INV.RT(0.975, 9, 9)」のように入力する）。

Step 4 Step 2 の結果と Step 3 の結果を用いて検定を行う。

検定と推定

検定と推定の手順は，およそ例題 5.2 a) と同じである。以下では，相違点のみ説明する。

Step 1 不偏分散が，偏差平方和を $n-1$ で割って求めていることを利用し，「VAR.S 関数の値×$(n-1)$」で，偏差平方和を求める。（図 **9.42** では，セル B 15 に「＝B 14×9」，セル C 15 に「＝C 14×9」のように入力する）。

9. Excel で実践

	A	B	C	D	E	F
1		A社	B社		標本平均値の差	-1.430
2		125.1	126.3		母平均の差	0
3		123.6	125.8		SQRT(V)	0.576
4		125.0	124.9		SQRT(1/na+1/nb)	0.4472
5		124.6	125.6			
6		124.0	124.8		Z 0	-5.551
7		123.8	125.3		Z α/2	2.10
8	Step1	124.0	124.9			
9		123.5	126.2		δL	-1.971
10		123.8	125.8		δU	-0.889
11		124.2	126.3			
12						
13	標本平均値	124.16	125.59			
14	不偏分散	0.3160	0.3477			
15	偏差平方和	2.8440	3.1290			

(右上にStep2の矢印)

図 9.42 母分散未知の場合の検定

Step 2 Step 1 の結果を利用して，V の値を求める。T.INV 関数を用いて，$t_{α/2}$ の値を求める（図 9.42 では，セル F 7 に「＝T.INV(1−0.025, 18)」のように入力する）。

9.11 母分散の検定と推定および分散比の推定

新しい関数

SUMXMY 2 (①, ②)　データ① と ② の差の平方和を求める。

CHISQ.INV (①, ②)　自由度②の $χ^2$ 分布の下側（確率）① × 100 ％ 点の値を求める。

例題 5.3

準 備

Step 1　検定の対象となるデータを入力する。

Step 2　AVERAGE 関数を用いて，データの標本平均値を求める（**図 9.43** では，セル B 13 に「＝AVERAGE(B 2 : B 11)」のように入力する）。

Step 3　Step 2 で求めた標本平均値を，Step 1 の各データの隣に写す（図 9.43 ではセル C 2～C 11 に「＝＄B＄13」のように入力する）。

Step 4　変更以前の標準偏差を入力する。

9.11 母分散の検定と推定および分散比の推定

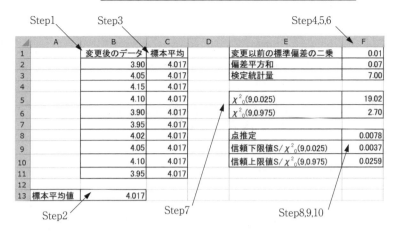

図 9.43　一つの母分散の検定と推定

Step 5　SUMXMY2関数を用い[17]，偏差平方和 S を求める（図9.43では，セルF2に「=SUMXMY2(B2:B11, C2:C11)」のように入力する）。

検　定

Step 6　検定統計量 χ_0^2 を求める（図9.43では，セルF3に「=F2/F1」のように入力する）。

Step 7　CHISQ.INV関数を用いて，χ^2 分布の値を求める。両側5％の検定であるから，分布の下側から2.5％（=0.025），上側から2.5％（=0.975）の値を求めればよい。データの数が10個であるから，自由度は9である（図9.43では，セルF5に「=CHISQ.INV(1−0.025, 9)」，セルF6に「=CHISQ.INV(0.025, 9)」のように入力する）。

Step 8　Step 7で求めた「下側の値から上側の値の間」に，Step 6の値が入っていれば帰無仮説を採択し，入っていなければ帰無仮説を棄却する。

推　定

Step 9　これまでの結果を用いて，点推定値 $\hat{\sigma}^2$ を求める（図9.43では，セルF8に「=F2/9」のように入力する）。

Step 10　信頼下限値 σ_L^2，信頼上限値 σ_U^2 求める（図9.43では，セルF9

17　例題5.2 b)のように，VAR.S関数を用いて求めても良い。

に「＝F2/F5」のように，セルF10に「＝F2/F6」のように入力する）．

例題 5.4

例題 5.2 b) と同じ手順であるので，ここでは割愛する．

9.12　母比率の検定と推定

新しい関数

BINOM.DIST（①, ②, ③, ④）　成功数①，試行数②，成功確率③であるような二項確率を求める（④：TRUE＝累積分布関数の値，FALSE＝確率密度関数の値）．

サンプルサイズ n が十分に大きい場合には，ここで扱う検定統計量は正規分布で近似できる．したがって，ここで使用するExcelの関数は，NORM.S.INV関数のみである．文頭に示した，BINOM.DIST関数を用いても，もちろん検定を行うことはできるが，ここでは正規分布への近似を用いることとして，BINOM.DIST関数は，その近似の様子を確認するために用いることにする．

Step 1　検定統計量 Z_0 を求める．図9.44では，これまでの手続きと違って，X, n, p_0 を指定すると，Z_0 が計算されるようにしている（図9.44では，セルB5に「＝(B2－B3＊B4)/SQRT(B3＊B4＊(1－B4))」のように入力する[18]）．

Step 2　棄却域の下限値 $Z_α$ を求める．例題6.1では有意水準を5％としているので，標準正規分布の上側5％点（＝下側95％点）をNORM.S.INV関数を使って求める（図9.44では，セルB6に「＝NORM.S.INV(1－0.05)」のように入力する）．

18　式が長くなり複雑になるので，入力間違いを防ぐためにも部分ごとに計算することも有用である．

	A	B	C
1	母不良率の検定		
2	X	20	
3	n	350	
4	p_0	0.14	
5	Z_0	−4.46736	
6	$Z_{0.05}$	1.644854	
7			

図 9.44　検定の実施

	A	B	C	D
1	母不良率の検定			
2	X	20		
3	n	350		
4	p_0	0.14		
5	Z_0	−4.46736		
6	$Z_{0.05}$	1.6448536		
7				
8	推定			
9	$Z_{0.025}$	1.959964		
10	p-hat	0.05714	幅	0.02432
11	pL	0.03283		
12	pU	0.08146		

図 9.45　推定値の計算

Step 3　Step 1，Step 2 の結果を比較して，検定を行う。

Step 4　点推定量 $\hat{p}$ を求める（**図 9.45** では，セル B 10 に「＝B 2/B 3」のように入力する）。

Step 5　$Z_{0.025}$ を求め，区間推定を行うための幅を求める（図 9.45 では，セル B 9 に「＝NORM.S.INV(1−0.025)」，セル D 10 に「＝B 9 ＊ SQRT(B 10 ＊(1−B 10)/B 3)」のように入力する）。

Step 6　Step 4，Step 5 の結果を用いて，区間幅の下限，上限を求める（図 9.45 では，セル B 11 に「＝B 10−D 10」，セル B 12 に「＝B 10＋D 10」のように入力する）。

二項分布の正規近似

二項分布が正規分布に近づいて行く様子を確認する。

Step 1　**図 9.46** のように X の値として，A 列に 0〜50 の数字を入力する。

Step 2　$X=0$〜50 の範囲で，発生確率 0.1，$n=(10, 50, 100, 200, 350)$ のときの二項確率を BINOM.DIST 関数を用いて求める（図 9.46 では，$n=10$ のときにはセル B 2 に「＝BINOM.DIST(A 2, 10, 0.1, FALSE)」のように入力し，式をコピーする）。

Step 3　Excel のグラフ作成機能を用いて，散布図を作成する（データ範囲は A 1〜F 52 を指定する）（**図 9.47**）。

9. Excel で実践

	A	B	C	D	E	F
1	X	n=10	n=50	n=100	n=200	n=350
2	0	3.49.E-01	5.15.E-03	2.66.E-05	7.06.E-10	9.66.E-17
3	1	3.87.E-01	2.86.E-02	2.95.E-04	1.57.E-08	3.76.E-15
4	2	1.94.E-01	7.79.E-02	1.62.E-03	1.73.E-07	7.28.E-14
5	3	5.74.E-02	1.39.E-01	5.89.E-03	1.27.E-06	9.39.E-13
6	4	1.12.E-02	1.81.E-01	1.59.E-02	6.96.E-06	9.05.E-12
7	5	1.49.E-03	1.85.E-01	3.39.E-02	3.03.E-05	6.96.E-11
8	6	1.38.E-04	1.54.E-01	5.96.E-02	1.09.E-04	4.44.E-10
9	7	8.75.E-06	1.08.E-01	8.89.E-02	3.37.E-04	2.43.E-09
10	8	3.65.E-07	6.43.E-02	1.15.E-01	9.03.E-04	1.16.E-08
11	9	9.00.E-09	3.33.E-02	1.30.E-01	2.14.E-03	4.88.E-08
12	10	1.00.E-10	1.52.E-02	1.32.E-01	4.54.E-03	1.85.E-07
13	11		6.13.E-03	1.20.E-01	8.72.E-03	6.35.E-07
14	12		2.22.E-03	9.88.E-02	1.53.E-02	1.99.E-06
15	13		7.19.E-04	7.43.E-02	2.45.E-02	5.76.E-06
16	14		2.11.E-04	5.13.E-02	3.64.E-02	1.54.E-05
17	15		5.63.E-05	3.27.E-02	5.01.E-02	3.83.E-05
18	16		1.37.E-05	1.93.E-02	6.44.E-02	8.92.E-05
19	17		3.04.E-06	1.06.E-02	7.75.E-02	1.95.E-04
20	18		6.20.E-07	5.43.E-03	8.75.E-02	4.00.E-04

図 9.46 作図のための準備

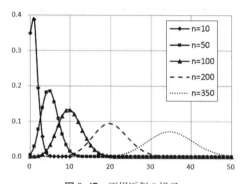

図 9.47 正規近似の様子

9.13 母比率の差の検定と推定

新しい関数

IF (①, ②, ③) 条件①が成立したとき，②を表示し，不成立のとき③を表示する。

ABS (①) ①の絶対値をとる。

9.13 母比率の差の検定と推定

ここでも例題 6.1 と同様に，検定を行うために新しい関数は必要としない。また，手順も例題 6.1 とほぼ同様である。ここでは，IF 関数と ABS 関数を用いて，検定の結果を表示するようにしてみよう。

検定統計量の計算

Step 1 X, n を入力する（図 9.48 では，セル B 3，C 3 に A，B それぞれの X の値を，セル B 4，C 4 に A，B それぞれの n の値を入力する）。

Step 2 Step 1 の入力から，p を計算する（図 9.48 では，セル B 5 に「＝B 3/B 4」，セル C 5 に「＝C 3/C 4」を入力する）。

	A	B	C	D	E	F
1	母不良率					
2		A	B		判定で表示するメッセージ	
3	X	25	18		H0のとき	A,Bに差があるとはいえない
4	n	175	103		H1のとき	A,Bに差がないとはいえない
5	p	0.14286	0.17476			
6	p-bar	0.15468				
7	Z_0	−0.71037			判定	A,Bに差があるとはいえない
8	$Z_{0.025}$	1.95996				

図 9.48 母不良率の差の検定

Step 3 Step 1 の入力から，$\overline{P}$ を求める（図 9.48 では，セル B 6 に「＝(B 3+C 3)/(B 4+C 4)」を入力する）。

Step 4 これまでの入力，結果を用いて，Z_0 を求める（図 9.48 では，セル B 7 に「＝(B 5−C 5)/SQRT(B 6 ＊ (1−B 6) ＊ (1/B 4+1/C 4))」を入力する）。

Step 5 NORM.S.INV 関数を用いて $Z_{0.025}$ を求める（図 9.48 では，セル B 8 に「＝NORM.S.INV(1−0.025)」を入力する）。

結果の表示

Step 1 帰無仮説を採択する場合と棄却する場合のメッセージを作成する（図 9.48 では，セル F 3 に「A，B に差があるとはいえない」，セル F 4 に「A，B に差がないとはいえない」を入力しておく）。

Step 2 IF 関数を使って，検定の結果を表示する。両側検定であるので，ABS 関数によって Z_0 の絶対値を取ることを忘れないようにする（図 9.48 で

は，セル F7 に「＝IF(ABS(B7)＞B8, F4, F3)」を入力する)。

推定値の計算

推定値は，例題 6.5 と同様の手続きによって求められる。

Step 1 点推定値 δ を求める（**図 9.49** では，セル B11 に「＝B5－C5」を入力する)。

Step 2 区間推定を行うための幅を求める（図 9.49 では，セル D11 に「＝B8＊SQRT(B5＊(1－B5)/B4＋C5＊(1－C5)/C4)」を入力する)。

Step 3 Step 1, Step 2 の結果を用いて，区間の下限値 δ_L，上限値 δ_U を求める（図 9.49 では，セル B12 に「＝B11－D11」，セル B13 に「＝B11＋D11」を入力する)。

	A	B	C	D
1	母不良率			
2		A	B		判定
3	X	25	18		H0の
4	n	175	103		H1の
5	p	0.14286	0.17476	
6	p-bar	0.15468		
7	Z_0	－0.71037			判定
8	$Z_{0.025}$	1.95996		
9				
10	推定			
11	δ	－0.0319	幅	0.08981
12	δL	－0.1217		
13	δU	0.0579		

図 9.49　推定値の計算

9.14　独立性の検定，一様性の検定，分布の当てはめ

新しい関数

CHISQ.INV.RT（①, ②)　自由度②の χ^2 分布の上側（確率）①×100％点の値を求める。

例題 7.1 は，若干ながら計算が煩雑なものの，これまで例題と同様の手続きで検定を実施することができる。

9.14 独立性の検定，一様性の検定，分布の当てはめ

Step 1 例題 7.1 のデータを入力し，それぞれの合計の発生確率（総和に対する比）を求める（図 9.50 では，セル E 2，E 3，B 5，C 5 のそれぞれに「＝D 2/D 4」，「＝D 3/D 4」，「＝B 4/D 4」，「＝C 4/D 4」を入力する）．

	A	B	C	D	E
1		A	B	合計	
2	良品	520	620	1140	0.9693878
3	不良品	15	21	36	0.0306122
4	合計	535	641	1176	
5		0.45493197	0.54506803		
6					
7	期待度数				
8		518.622449	621.377551	1140	
9		16.377551	19.622449	36	
10				1176	
11					
12	χ^2_0				
13		0.00365901	0.00305394	0.0067129	
14		0.11586878	0.09670795	0.2125767	
15			$\chi^2_0=$	0.2192897	
16	$\chi^2(1,0.05)$		$\chi^2(1,0.05)=$	3.84146	

図 9.50 分割表による検定

Step 2 Step 1 の結果を利用して，それぞれの期待度数を求める（図 9.50 では，セル B 8，C 8，B 9，C 9 に「＝D 4 ＊ E 2 ＊ B 5」，「＝D 4 ＊ E 2 ＊ C 5」，「＝D 4 ＊ E 3 ＊ B 5」，「＝D 4 ＊ E 3 ＊ C 5」を入力する：D 列は，検算のための行和と総合計である）．

Step 3 Step 1，Step 2 の結果を利用して χ_0^2 を求める（図 9.50 では，セル B 13 に「＝(B 2−B 8)^2/B 8」，セル C 13 に「＝(C 2−C 8)^2/C 8」，セル B 14 に「＝(B 3−B 9)^2/B 9」，セル C 14 に「＝(C 3−C 9)^2/C 9」を入力する：この四つの値の合計が χ_0^2 である）．

Step 4 CHISQ.INV.RT 関数を用いて，$\chi^2(1, 0.05)$ を求める（図 9.50 では，セル D 16 に「＝CHISQ.INV.RT(0.05, 1)」を入力する）．

Step 5 Step 3，Step 4 の結果を用いて，検定を行う．

※ 例題 7.2，例題 7.3 はきわめて平易なので，解答を割愛する．

9.15 相関分析

> **新しい関数**
>
> CORREL（①,②）　データ①と②の相関係数を求める。
> T.INV.2T（①,②）　自由度②の t 分布の両側（確率）①×100％点の値を求める。
> TANH（①）　データ①の双曲正接関数の値を求める。
> ATANH（①）　データ①の双曲逆正接関数の値を求める。

点推定
Step 1　データを入力する（図 9.51）。

	A	B	C
1	氏名	試験のときの成績	1年後の評価点
2	A	250	8.4
3	B	190	7.8
4	C	205	8.1
5	D	185	7.2
6	E	165	7.3
7	F	235	8.5
8	G	175	7.5
9	H	245	8.3
10	I	222	8.2
11	J	178	7.6
12	K	236	8.3
13	L	195	8
14	M	147	6.7
15	N	253	8.3
16	O	212	7.9
17			
18	相関係数	0.920	

図 9.51　相関係数を求める

Step 2　CORREL 関数を用いて，標本相関係数を求める。CORREL 関数を選択すると，図 9.52 のような画面が表示されるので，「配列 1」には「試験のときの成績」列のデータを，「配列 2」には「1 年後の評価点」列のデータを選択する。このとき，タイトル（「試験のときの成績」などの見出し語）は選択せず，数値データだけを選択する。

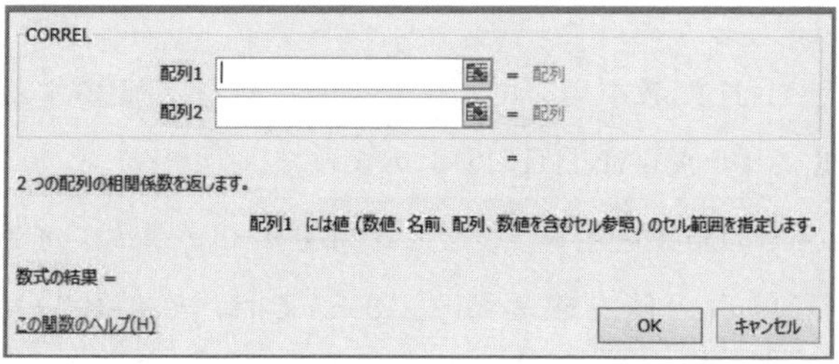

図 9.52 CORREL 関数の入力

検　定

標本相関係数の分布の α パーセント点 $r_\alpha(n)$ を求めるためには，つぎの条件を充たす積分値を得なければならない．

$$\int_{r_\alpha}^{1} \frac{(1-r^2)^{\frac{n-4}{2}}}{B\left(\frac{1}{2}, \frac{n}{2}-1\right)} dr = \alpha$$

この計算は Excel の基本機能では扱うことができないので，ここでは例題 8.1 の解説に示した統計量 t_0 が t 分布に従うことを用いて解を求めてみよう．

Step 3　例題 8.1 の解説に従い，t_0 を求める（図 9.53 では，セル B 20 に「＝ABS(B 18 ＊ SQRT(15−2)/SQRT(1−B 18 ＊ B 18))」のように入力する；セル B 18 は Step 2 で求めた標本相関係数である）．

18	相関係数	0.920
19		
20	t_0	8.476
21	$t(n,\alpha)$	2.160
22		
23	z	1.590
24	ρ L	0.772
25	ρ U	0.974

図 9.53　検定・区間推定

Step 4　T.INV.2T 関数を用いて，自由度 15−2＝13，$\alpha=0.05$ の t 分布の値を求める（図 9.53 では，セル B 21 に「＝T.INV.2T(0.05, 13)」のように入力する）．

Step 5　Step 3 と Step 4 の結果を比較して，決定を行う．

区間推定

Step 6 ATANH 関数を用いて，標本相関係数を Z 変換する（図 9.53 では，セル B 23 に「＝ATANH(B 18)」のように入力する）．

Step 7 Step 6 の結果を用いて，$Z\pm1.96/\sqrt{n-3}$ を求め，それぞれの値を用いて TANH 関数の値を求める（図 9.53 では，セル B 24 に「＝TANH(B 23−1.96/ SQRT(15−3))」，セル B 25 に「＝TANH(B 23＋1.96/SQRT(15−3))」のように入力する）．

Step 8 Step 7 で求めた二つの値が，母相関係数の 95 ％ 信頼区間となる．

9.16 回 帰 分 布

新しい関数

分析ツールの「回帰分析」 回帰係数などを求める．
グラフの「散布図」 回帰直線の図化する．

点推定

Step 1 データを入力する（図 9.54）．

Step 2 「データ」のリボンタブ→「分析」の「データ分析」→「回帰分析」

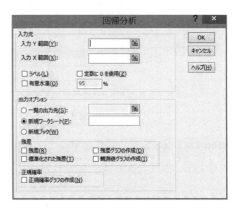

図 9.54 データ入力　　　　図 9.55 回帰分析のデータ指定

の順に選択すると，**図 9.55** のような画面が表示される。

Step 3 「入力 Y 範囲」に「生産量」列を，「入力 X 範囲」に「作業者数」列を指定する。このとき，1 行目のラベル（図 9.54 ではセル A 1，B 1）を選択した場合には，範囲指定の下部にある「ラベル」をチェックする。

Step 4 「OK」を押すと，データを入力したシートとは別のシートに結果が表示される（**図 9.56**）。図 9.56 には多くの結果が示されているが，その主だったものと，例題 8.2 との対応はつぎの通りである。回帰直線の係数である「切片」: α がセル B 17 であり，「作業者数」: β がセル B 18 である。

	A	B	C	D	E	F	G	H	I
1	概要								
2									
3		回帰統計							
4	重相関 R	0.978325							
5	重決定 R2	0.9571197							
6	補正 R2	0.949973							
7	標準誤差	1.2133516							
8	観測数	8							
9									
10	分散分析表								
11		自由度	変動	分散	則された分散	有意 F			
12	回帰	1	197.16667	197.16667	133.92453	2.505E-05			
13	残差	6	8.8333333	1.4722222					
14	合計	7	206						
15									
16		係数	標準誤差	t	P-値	下限 95%	上限 95%	下限 95.0%	上限 95.0%
17	切片	2.25	0.945436	2.3798544	0.054779	-0.063399	4.5633985	-0.063399	4.5633985
18	X 値 1	2.1666667	0.1872242	11.572577	2.505E-05	1.7085455	2.6247878	1.7085455	2.6247878

図 9.56 回帰分析の結果

Step 5 Step 1 でデータを入力したシートに戻り，入力したデータ（図 9.54 では A 1〜B 9）を選択し，「挿入」のリボンタブから，「グラフ」の右下のポイント をクリックする。

Step 6 「散布図」で平滑曲線などを引かない，点のプロットだけをするグラフを選択する（**図 9.57**）。

Step 7 プロットを右クリックしてメニューを表示させ，「近似曲線の追加」を選択し，「線形近似」を選択する（**図 9.58**）。

Step 8 図 9.59 のように回帰直線が引かれる。

140　　9. Excel で 実 践

図 9.57　散布図の選択

図 9.58　近似曲線の選択

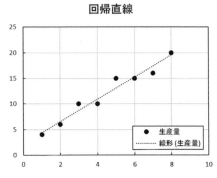

図 9.59　回帰直線

付　　　　録

〔1〕 二項分布 $B(n, p)$

・**特　　徴**　結果が生起するかしないかのいずれかであり，生起確率が p の試行を独立に n 回（有限回）繰り返すとき，生起する回数 X が従う離散分布が $B(n, p)$ である。特に繰り返し数 n が1回のときの試行をベルヌーイ試行という。

・**確　率　関　数**
$$p(x; n, p) = \Pr\{X = x\}$$
$$p(x; n, p) = {}_nC_x p^x (1-p)^{n-x}, \quad x = 0, 1, 2, \cdots, n, \quad 0 \leq p \leq 1$$

・**平均・分散・積率母関数**
$$E[X] = np, \quad V[X] = np(1-p), \quad M_X(\theta) = \{pe^\theta + (1-p)\}^n$$

・**例**

（1）一つのサイコロを10回投げたとき，1の目の出る回数 X の（確率）分布は二項分布 $B(6, 1/6)$。

（2）ある工場で生産される製品の不良率が5％とする。100個ずつ箱詰め

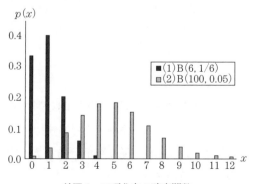

付図1　二項分布の確率関数

するとき1箱中の不良品の個数 X の分布は $B(100, 0.05)$。

（1）および（2）のそれぞれの分布を示したのが**付図1**である。

〔2〕 **ポアソン分布** $P_0(\lambda)$

・**特　　　徴**　　$B(n, p)$ において $n \to \infty$ の極限分布が $P_0(\lambda)$ である。無限母集団の離散分布である。

・**確 率 関 数**

$$p(x;\lambda) = e^{-\lambda}\frac{\lambda^x}{x!}, \quad x = 0, 1, 2, \cdots, \quad \lambda > 0$$

・**平均・分散・積率母関数**

$$E[X] = \lambda, \quad V[X] = \lambda, \quad M_X(\theta) = e^{-\lambda(1-e^\theta)}$$

・**例**　　1日平均2回の割合で事故が発生している場合の一日の事故件数 X の分布は $P_0(2)$。この分布を**付図2**に示す。

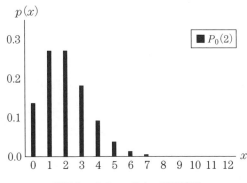

付図2 ポアソン分布の確率関数

〔3〕 **超幾何分布** $H(N, N_0, n)$

・**特　　　徴**　　全体が N 個からなる母集団の中に特性 A をもつものが N_0 個含まれている。この母集団から大きさ n の標本を抽出するとき，その中で特性 A をもつものの個数 X の分布が従う離散分布は $H(N, N_0, n)$ である。N が大きければ二項分布で近似できる。

・確率関数
$$p(x) = \frac{{}_{N_0}C_x \cdot {}_{N-N_0}C_{n-x}}{{}_N C_n}, \quad \max\{0, n-(N-N_0)\} \leq x \leq \min\{n, N_0\}$$

・平均・分散
$$E[X] = \frac{nN_0}{N}, \quad V[X] = n\frac{N_0}{N}\frac{N-N_0}{N}\frac{N-n}{N-1}$$

・例　ある店には固定客60人がいる。その中に女性20人が含まれている。この固定客の中から同時に5人を選んだとき，その中に選ばれる女性の人数 X の分布は $H(60, 20, 5)$ である。この分布を**付図3**に示す。

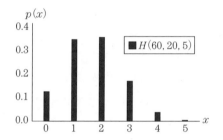

付図3　超幾何分布の確率関数

〔4〕　正規分布　$N(\mu, \sigma^2)$

・特徴　統計学の中でも最も重要で応用性の広い連続分布である。ある特性値の測定誤差 X なども $N(\mu, \sigma^2)$ に従う。正規分布の形状は，母平均 μ を中心として左右対称になった釣鐘型形状をしており，その関数 $f(x)$ の変曲点までの距離がちょうど母標準偏差 σ となっている。正規分布の概形を示したのが**付図4**である。

・確率密度関数
$$f(x; \mu, \sigma^2) = \frac{1}{\sigma\sqrt{2\pi}} \exp\left\{-\frac{1}{2\sigma^2}(x-\mu)^2\right\}, \quad -\infty < x < \infty$$

・平均・分散・積率母関数
$$E[X] = \mu, \quad V[X] = \sigma^2, \quad M_X(\theta) = \exp\left(\mu\theta + \frac{1}{2}\sigma^2\theta^2\right)$$

・例　同一年齢の身長，体重などは，ほぼ正規分布に従う。

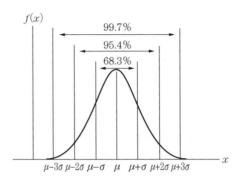

付図4　正規分布の確率密度関数

〔5〕 χ^2 分布　$\chi^2(\phi)$

・**特　　徴**　　$X_1, X_2, \cdots, X_\phi$ が独立に $N(0, 1^2)$ に従うとき，確率変数 $\chi^2 = X_1^2 + X_2^2 + \cdots + X_\phi^2$ の分布が自由度 ϕ の χ^2 分布 $\chi^2(\phi)$ である．おもに検定のために用いられる分布である．いくつかの自由度 ϕ に対する χ^2 分布を**付図5**に示す．

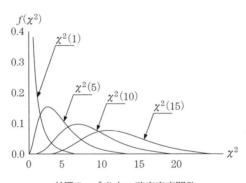

付図5　χ^2 分布の確率密度関数

・**確率密度関数**

$$f(\chi^2;\phi) = \frac{1}{2^{\frac{\phi}{2}} \Gamma\left(\frac{\phi}{2}\right)} (\chi^2)^{\frac{\phi}{2}-1} e^{-\frac{\chi^2}{2}}, \quad \chi^2 > 0, \quad \phi > 0$$

・**平均・分散・積率母関数**

$$E[\chi^2] = \phi, \quad V[\chi^2] = 2\phi, \quad M_{\chi^2}(\theta) = (1-2\theta)^{-\frac{1}{2}\phi}$$

〔6〕 **t 分布** $t(\phi)$

・**特　　徴**　　X，Y が独立で，X は $N(0, 1^2)$ に従い，Y が自由度 ϕ の χ^2 分布に従うとき，$t = X/\sqrt{Y/\phi}$ の従う分布が $t(\phi)$ である。ϕ が大きくなると正規分布に近づく。その様子を示したのが**付図6**である。t 分布は検定のための分布である。

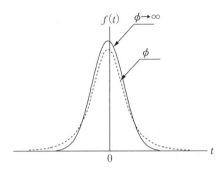

付図6　t 分布の確率密度関数

・**確率密度関数**

$$f(t\,;\phi) = \frac{1}{\sqrt{\phi}\,B\left(\frac{\phi}{2}, \frac{1}{2}\right)} \left(1 + \frac{t^2}{\phi}\right)^{-\frac{\phi+1}{2}}, \quad -\infty < t < \infty, \quad \phi > 0$$

・**平均・分散**

$$E[T] = 0, \quad \phi \geqq 2, \quad V[T] = \phi/(\phi-2), \quad \phi \geqq 3$$

〔7〕 **指数分布** $E(\lambda)$

・**特　　徴**　　寿命時間のモデルや待ち行列のサービス時間などの分布として使われる連続分布。例えば，平均寿命が $1/\lambda$ の製品の寿命 X の分布が $E(\lambda)$ である。いくつかの λ の値に対する分布を**付図7**に示す。

・**確率密度関数**

$$f(x\,;\lambda) = \lambda e^{-\lambda x}, \quad x \geqq 0, \quad \lambda > 0$$

・**平均・分散・積率母関数**

$$E[X] = \frac{1}{\lambda}, \quad V[X] = \frac{1}{\lambda^2}, \quad M_X(\theta) = \frac{\lambda}{\lambda - \theta}$$

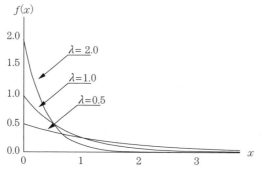

付図7 指数分布の確率密度関数

〔8〕 **ガンマ分布** $G(k, \lambda)$

・**特　　徴**　$Y_1, Y_2, \cdots, Y_k$ が独立にどれも指数分布 $E(\lambda)$ に従うとき，$X = Y_1 + Y_2 + \cdots + Y_k$ の分布が $G(k, \lambda)$ に従う。$\lambda=1$ とし，k の値を変化させたときの分布を**付図8**に示す。

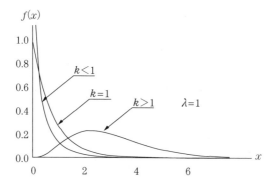

付図8 ガンマ分布の確率密度関数

・**確率密度関数**

$$f(x\,;k,\lambda) = \frac{\lambda^k}{\Gamma(k)} x^{k-1} e^{-\lambda x}, \quad x \geqq 0, \ k>0, \ \lambda>0$$

・**平均・分散・積率母関数**

$$E[X] = \frac{k}{\lambda}, \quad V[X] = \frac{k}{\lambda^2}, \quad M_X(\theta) = \left(\frac{\lambda}{\lambda - \theta}\right)^k$$

・**例**　待ち時間が平均7分間隔のバスが10台来るまでの時間間隔 X（分）の分布は $G(10, 1/7)$ である。

・備　考

（1）指数分布 $E(\lambda)$ は $G(1,\lambda)$ である。

（2）$G(k,\lambda)$ は再生性をもつ。

〔9〕**ワイブル分布**　$W(m,\eta)$

・特　徴　　機械などの故障時間 X のモデルとして使われる。また最小値の分布として知られている。形状母数を変化させることによって，いろいろな故障モデルを表すことができる分布が $W(m,\eta)$ である。$\eta=1$ とし，m の値を変化させたときの分布を**付図9**に示す。

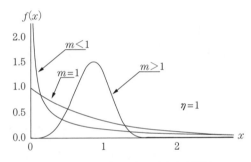

付図9　ワイブル分布の確率密度関数

・確率密度関数

$$f(x;m,\eta)=\frac{m}{\eta}\left(\frac{x}{\eta}\right)^{m-1}e^{-\left(\frac{x}{\eta}\right)^m},\quad x\geq 0,\ m>0,\ \eta>0$$

・平均・分散

$$E[X]=\eta\Gamma\left(1+\frac{1}{m}\right),\quad V[X]=\eta^2\left[\Gamma\left(\frac{2}{m}+1\right)-\Gamma^2\left(\frac{1}{m}+1\right)\right]$$

〔10〕**一様分布**　$U(a,b)$

・特　徴　　確率変数 X が一定の値域（下限値 a から上限値 b）の間に均等に分布するのが $U(a,b)$ である。累乗したり，対数をとったりすると思いもかけない分布に変化する。

・確率密度関数

$$f(x\,;a,b)=\frac{1}{b-a},\ \ a<x<b$$

この確率密度関数を**付図 10** に示す。

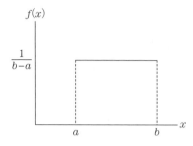

付図 10　一様分布の確率密度関数

・平均・分散・積率母関数

$$E[X]=\frac{a+b}{2},\ \ V[X]=\frac{(b-a)^2}{12},\ \ M_X(\theta)=\frac{e^{bt}-e^{at}}{(b-a)\theta}$$

〔11〕 ベータ分布　$B(\alpha,\beta)$

・特　　徴　　独立に $U(0,1)$ に従う $\alpha+\beta-1$ 個の確率変数を大きさの順に並べたとき，小さい方から α 番目（大きい方からは β 番目）の確率変数 X の分布が $B(\alpha,\beta)$ である．いくつかの α，β の組に対する分布を**付図 11** に示す．

・確率密度関数

$$f(x\,;\alpha,\beta)=\frac{1}{B(\alpha,\beta)}x^{\alpha-1}(1-x)^{\beta-1},\ \ 0<x<1,\ \ \alpha,\beta>0$$

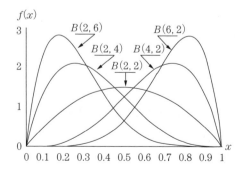

付図 11　ベータ分布の確率密度関数

ここで，$B(\alpha, \beta)$ はベータ関数である．また，ガンマ関数 $\Gamma(\alpha)$ との間につぎの関係がある．

$$B(\alpha, \beta) = \frac{\Gamma(\alpha) \cdot \Gamma(\beta)}{\Gamma(\alpha+\beta)}$$

・平均・分散

$$E[X] = \frac{\alpha}{\alpha+\beta}, \quad V[X] = \frac{\alpha\beta}{(\alpha+\beta)^2(\alpha+\beta+1)}$$

・備　　考　　$\alpha > 1, \beta > 1$ のとき $B(\alpha, \beta)$ のモードは $(\alpha-1)/(\alpha+\beta-2)$ である．

〔12〕 **F 分布**　$F(\phi_1, \phi_2)$　（付図13では $\phi_1 = m_1, \phi_2 = m_2$ と表記）

・特　　徴　　正規分布，χ^2 分布，t 分布などと並んで推測統計に重要な分布である．X, Y が独立に，それぞれ $\chi^2(\phi_1), \chi^2(\phi_2)$ に従うとき，$F = (X/\phi_1)/(Y/\phi_2)$ の分布が，自由度 (ϕ_1, ϕ_2) の F 分布 $F(\phi_1, \phi_2)$ である．その概形を**付図12**に示す．

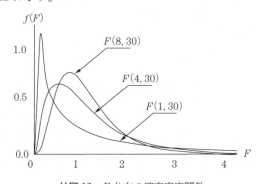

付図12　F 分布の確率密度関数

・確率密度関数

$$f(F; \phi_1, \phi_2) = \frac{\phi_1^{\frac{\phi_1}{2}} \phi_2^{\frac{\phi_2}{2}} F^{\frac{\phi_1}{2}-1} (\phi_2 + \phi_1 F)^{-\frac{\phi_1+\phi_2}{2}}}{B\left(\frac{\phi_1}{2}, \frac{\phi_2}{2}\right)}$$

・平均・分散

$$E[F] = \frac{\phi_2}{\phi_2 - 2} (\phi_2 \geq 3), \quad V[F] = \frac{2\phi_2^2(\phi_1 + \phi_2 - 2)}{\phi_1(\phi_2 - 2)^2(\phi_2 - 4)} (\phi_2 \geq 5)$$

付表1 標準正規分布の分布関数：$Z \to \Phi(z) - 0.5$

$$\Phi(z) = \int_{-\infty}^{z} \frac{1}{\sqrt{2\pi}} \exp\left(-\frac{x^2}{2}\right) dx$$

Z	0.00	0.01	0.02	0.03	0.04	0.05	0.06	0.07	0.08	0.09
0.0	0.000 0	0.004 0	0.008 0	0.012 0	0.016 0	0.019 9	0.023 9	0.027 9	0.031 9	0.035 9
0.1	0.039 8	0.043 8	0.047 8	0.051 7	0.055 7	0.059 6	0.063 6	0.067 5	0.071 4	0.075 3
0.2	0.079 3	0.083 2	0.087 1	0.091 0	0.094 8	0.098 7	0.102 6	0.106 4	0.110 3	0.114 1
0.3	0.117 9	0.121 7	0.125 5	0.129 3	0.133 1	0.136 8	0.140 6	0.144 3	0.148 0	0.151 7
0.4	0.155 4	0.159 1	0.162 8	0.166 4	0.170 0	0.173 6	0.177 2	0.180 8	0.184 4	0.187 9
0.5	0.191 5	0.195 0	0.198 5	0.201 9	0.205 4	0.208 8	0.212 3	0.215 7	0.219 0	0.222 4
0.6	0.225 7	0.229 1	0.232 4	0.235 7	0.238 9	0.242 2	0.245 4	0.248 6	0.251 7	0.254 9
0.7	0.258 0	0.261 1	0.264 2	0.267 3	0.270 4	0.273 4	0.276 4	0.279 4	0.282 3	0.285 2
0.8	0.288 1	0.291 0	0.293 9	0.296 7	0.299 5	0.302 3	0.305 1	0.307 8	0.310 6	0.313 3
0.9	0.315 9	0.318 6	0.321 2	0.323 8	0.326 4	0.328 9	0.331 5	0.334 0	0.336 5	0.338 9
1.0	0.341 3	0.343 8	0.346 1	0.348 5	0.350 8	0.353 1	0.355 4	0.357 7	0.359 9	0.362 1
1.1	0.364 3	0.366 5	0.368 6	0.370 8	0.372 9	0.374 9	0.377 0	0.379 0	0.381 0	0.383 0
1.2	0.384 9	0.386 9	0.388 8	0.390 7	0.392 5	0.394 4	0.396 2	0.398 0	0.399 7	0.401 5
1.3	0.403 2	0.404 9	0.406 6	0.408 2	0.409 9	0.411 5	0.413 1	0.414 7	0.416 2	0.417 7
1.4	0.419 2	0.420 7	0.422 2	0.423 6	0.425 1	0.426 5	0.427 9	0.429 2	0.430 6	0.431 9
1.5	0.433 2	0.434 5	0.435 7	0.437 0	0.438 2	0.439 4	0.440 6	0.441 8	0.442 9	0.444 1
1.6	0.445 2	0.446 3	0.447 4	0.448 4	0.449 5	0.450 5	0.451 5	0.452 5	0.453 5	0.454 5
1.7	0.455 4	0.456 4	0.457 3	0.458 2	0.459 1	0.459 9	0.460 8	0.461 6	0.462 5	0.463 3
1.8	0.464 1	0.464 9	0.465 6	0.466 4	0.467 1	0.467 8	0.468 6	0.469 3	0.469 9	0.470 6
1.9	0.471 3	0.471 9	0.472 6	0.473 2	0.473 8	0.474 4	0.475 0	0.475 6	0.476 1	0.476 7
2.0	0.477 2	0.477 8	0.478 3	0.478 8	0.479 3	0.479 8	0.480 3	0.480 8	0.481 2	0.481 7
2.1	0.482 1	0.482 6	0.483 0	0.483 4	0.483 8	0.484 2	0.484 6	0.485 0	0.485 4	0.485 7
2.2	0.486 1	0.486 4	0.486 8	0.487 1	0.487 5	0.487 8	0.488 1	0.488 4	0.488 7	0.489 0
2.3	0.489 3	0.489 6	0.489 8	0.490 1	0.490 4	0.490 6	0.490 9	0.491 1	0.491 3	0.491 6
2.4	0.491 8	0.492 0	0.492 2	0.492 5	0.492 7	0.492 9	0.493 1	0.493 2	0.493 4	0.493 6
2.5	0.493 8	0.494 0	0.494 1	0.494 3	0.494 5	0.494 6	0.494 8	0.494 9	0.495 1	0.495 2
2.6	0.495 3	0.495 5	0.495 6	0.495 7	0.495 9	0.496 0	0.496 1	0.496 2	0.496 3	0.496 4
2.7	0.496 5	0.496 6	0.496 7	0.496 8	0.496 9	0.497 0	0.497 1	0.497 2	0.497 3	0.497 4
2.8	0.497 4	0.497 5	0.497 6	0.497 7	0.497 7	0.497 8	0.497 9	0.497 9	0.498 0	0.498 1
2.9	0.498 1	0.498 2	0.498 2	0.498 3	0.498 4	0.498 4	0.498 5	0.498 5	0.498 6	0.498 6
3.0	0.498 7	0.498 7	0.498 7	0.498 8	0.498 8	0.498 9	0.498 9	0.498 9	0.499 0	0.499 0

付表2 t 分布表（P パーセント点 t）: $P \to t(\phi, P)$

$$P = 2\int_t^\infty 1 \Big/ \left\{\sqrt{\phi} B\left(\frac{1}{2}, \frac{\phi}{2}\right)\left(1+\frac{v^2}{\phi}\right)^{\frac{\phi+1}{2}}\right\} dv$$

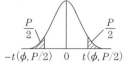

ϕ \ P	0.50	0.40	0.30	0.20	0.10	0.05	0.02	0.01	0.001
1	1.000	1.376	1.963	3.078	6.314	12.71	31.82	63.66	636.6
2	0.816	1.061	1.386	1.886	2.920	4.303	6.965	9.925	31.60
3	0.765	0.978	1.250	1.638	2.353	3.182	4.541	5.841	12.92
4	0.741	0.941	1.190	1.533	2.132	2.776	3.747	4.604	8.610
5	0.727	0.920	1.156	1.476	2.015	2.571	3.365	4.032	6.869
6	0.718	0.906	1.134	1.440	1.943	2.447	3.143	3.707	5.959
7	0.711	0.896	1.119	1.415	1.895	2.365	2.998	3.499	5.408
8	0.706	0.889	1.108	1.397	1.860	2.306	2.896	3.355	5.041
9	0.703	0.883	1.100	1.383	1.833	2.262	2.821	3.250	4.781
10	0.700	0.879	1.093	1.372	1.812	2.228	2.764	3.169	4.587
11	0.697	0.876	1.088	1.363	1.796	2.201	2.718	3.106	4.437
12	0.695	0.873	1.083	1.356	1.782	2.179	2.681	3.055	4.318
13	0.694	0.870	1.079	1.350	1.771	2.160	2.650	3.012	4.221
14	0.692	0.868	1.076	1.345	1.761	2.145	2.624	2.977	4.140
15	0.691	0.866	1.074	1.341	1.753	2.131	2.602	2.947	4.073
16	0.690	0.865	1.071	1.337	1.746	2.120	2.583	2.921	4.015
17	0.689	0.863	1.069	1.333	1.740	2.110	2.567	2.898	3.965
18	0.688	0.862	1.067	1.330	1.734	2.101	2.552	2.878	3.922
19	0.688	0.861	1.066	1.328	1.729	2.093	2.539	2.861	3.883
20	0.687	0.860	1.064	1.325	1.725	2.086	2.528	2.845	3.850
21	0.686	0.859	1.063	1.323	1.721	2.080	2.518	2.831	3.819
22	0.686	0.858	1.061	1.321	1.717	2.074	2.508	2.819	3.792
23	0.685	0.858	1.060	1.319	1.714	2.069	2.500	2.807	3.768
24	0.685	0.857	1.059	1.318	1.711	2.064	2.492	2.797	3.745
25	0.684	0.856	1.058	1.316	1.708	2.060	2.485	2.787	3.725
26	0.684	0.856	1.058	1.315	1.706	2.056	2.479	2.779	3.707
27	0.684	0.855	1.057	1.314	1.703	2.052	2.473	2.771	3.690
28	0.683	0.855	1.056	1.313	1.701	2.048	2.467	2.763	3.674
29	0.683	0.854	1.055	1.311	1.699	2.045	2.462	2.756	3.659
30	0.683	0.854	1.055	1.310	1.697	2.042	2.457	2.750	3.646
40	0.681	0.851	1.050	1.303	1.684	2.021	2.423	2.704	3.551
60	0.679	0.848	1.045	1.296	1.671	2.000	2.390	2.660	3.460
120	0.677	0.845	1.041	1.289	1.658	1.980	2.358	2.617	3.373
∞	0.674	0.842	1.036	1.282	1.645	1.960	2.326	2.576	3.291

付表3 F 分布表（α パーセント点 F_α）：$\alpha \to F_\alpha(\phi_1, \phi_2, 0.005)$

$$\alpha = \int_{F_\alpha}^{\infty} \phi_1^{\frac{\phi_1}{2}} \phi_2^{\frac{\phi_2}{2}} F^{\frac{\phi_1}{2}-1} (\phi_2 + \phi_1 F)^{-\frac{\phi_1+\phi_2}{2}} \Big/ B\left(\frac{\phi_1}{2}, \frac{\phi_2}{2}\right) dF$$

$\phi_2 \backslash \phi_1$	1	2	3	4	5	6	7	8	9
1	16 210.723	19 999.500	21 614.741	22 499.583	23 055.798	23 437.111	23 714.566	23 925.406	24 091.004
2	198.501	199.000	199.166	199.250	199.300	199.333	199.357	199.375	199.388
3	55.552	49.799	47.467	46.195	45.392	44.838	44.434	44.126	43.882
4	31.333	26.284	24.259	23.155	22.456	21.975	21.622	21.352	21.139
5	22.785	18.314	16.530	15.556	14.940	14.513	14.200	13.961	13.772
6	18.635	14.544	12.917	12.028	11.464	11.073	10.786	10.566	10.391
7	16.236	12.404	10.882	10.050	9.522	9.155	8.885	8.678	8.514
8	14.688	11.042	9.596	8.805	8.302	7.952	7.694	7.496	7.339
9	13.614	10.107	8.717	7.956	7.471	7.134	6.885	6.693	6.541
10	12.826	9.427	8.081	7.343	6.872	6.545	6.302	6.116	5.968
11	12.226	8.912	7.600	6.881	6.422	6.102	5.865	5.682	5.537
12	11.754	8.510	7.226	6.521	6.071	5.757	5.525	5.345	5.202
13	11.374	8.186	6.926	6.233	5.791	5.482	5.253	5.076	4.935
14	11.060	7.922	6.680	5.998	5.562	5.257	5.031	4.857	4.717
15	10.798	7.701	6.476	5.803	5.372	5.071	4.847	4.674	4.536
16	10.575	7.514	6.303	5.638	5.212	4.913	4.692	4.521	4.384
17	10.384	7.354	6.156	5.497	5.075	4.779	4.559	4.389	4.254
18	10.218	7.215	6.028	5.375	4.956	4.663	4.445	4.276	4.141
19	10.073	7.093	5.916	5.268	4.853	4.561	4.345	4.177	4.043
20	9.944	6.986	5.818	5.174	4.762	4.472	4.257	4.090	3.956
21	9.830	6.891	5.730	5.091	4.681	4.393	4.179	4.013	3.880
22	9.727	6.806	5.652	5.017	4.609	4.322	4.109	3.944	3.812
23	9.635	6.730	5.582	4.950	4.544	4.259	4.047	3.882	3.750
24	9.551	6.661	5.519	4.890	4.486	4.202	3.991	3.826	3.695
25	9.475	6.598	5.462	4.835	4.433	4.150	3.939	3.776	3.645
26	9.406	6.541	5.409	4.785	4.384	4.103	3.893	3.730	3.599
27	9.342	6.489	5.361	4.740	4.340	4.059	3.850	3.687	3.557
28	9.284	6.440	5.317	4.698	4.300	4.020	3.811	3.649	3.519
29	9.230	6.396	5.276	4.659	4.262	3.983	3.775	3.613	3.483
30	9.180	6.355	5.239	4.623	4.228	3.949	3.742	3.580	3.450
40	8.828	6.066	4.976	4.374	3.986	3.713	3.509	3.350	3.222
60	8.495	5.795	4.729	4.140	3.760	3.492	3.291	3.134	3.008
120	8.179	5.539	4.497	3.921	3.548	3.285	3.087	2.933	2.808
∞	7.879	5.298	4.279	3.715	3.350	3.091	2.897	2.744	2.621

付　　　　　　録　　*153*

10	12	15	20	24	30	40	60	120	∞
24 224.487	24 426.366	24 630.205	24 835.971	24 939.565	25 043.628	25 148.153	25 253.137	25 358.573	25 464.075
199.400	199.416	199.433	199.450	199.458	199.466	199.475	199.483	199.491	199.498
43.686	43.387	43.085	42.778	42.622	42.466	42.308	42.149	41.989	41.828
20.967	20.705	20.438	20.167	20.030	19.892	19.752	19.611	19.468	19.325
13.618	13.384	13.146	12.903	12.780	12.656	12.530	12.402	12.274	12.144
10.250	10.034	9.814	9.589	9.474	9.358	9.241	9.122	9.001	8.879
8.380	8.176	7.968	7.754	7.645	7.534	7.422	7.309	7.193	7.076
7.211	7.015	6.814	6.608	6.503	6.396	6.288	6.177	6.065	5.951
6.417	6.227	6.032	5.832	5.729	5.625	5.519	5.410	5.300	5.188
5.847	5.661	5.471	5.274	5.173	5.071	4.966	4.859	4.750	4.639
5.418	5.236	5.049	4.855	4.756	4.654	4.551	4.445	4.337	4.226
5.085	4.906	4.721	4.530	4.431	4.331	4.228	4.123	4.015	3.904
4.820	4.643	4.460	4.270	4.173	4.073	3.970	3.866	3.758	3.647
4.603	4.428	4.247	4.059	3.961	3.862	3.760	3.655	3.547	3.436
4.424	4.250	4.070	3.883	3.786	3.687	3.585	3.480	3.372	3.260
4.272	4.099	3.920	3.734	3.638	3.539	3.437	3.332	3.224	3.112
4.142	3.971	3.793	3.607	3.511	3.412	3.311	3.206	3.097	2.984
4.030	3.860	3.683	3.498	3.402	3.303	3.201	3.096	2.987	2.873
3.933	3.763	3.587	3.402	3.306	3.208	3.106	3.000	2.891	2.776
3.847	3.678	3.502	3.318	3.222	3.123	3.022	2.916	2.806	2.690
3.771	3.602	3.427	3.243	3.147	3.049	2.947	2.841	2.730	2.614
3.703	3.535	3.360	3.176	3.081	2.982	2.880	2.774	2.663	2.545
3.642	3.475	3.300	3.116	3.021	2.922	2.820	2.713	2.602	2.484
3.587	3.420	3.246	3.062	2.967	2.868	2.765	2.658	2.546	2.428
3.537	3.370	3.196	3.013	2.918	2.819	2.716	2.609	2.496	2.377
3.492	3.325	3.151	2.968	2.873	2.774	2.671	2.563	2.450	2.330
3.450	3.284	3.110	2.928	2.832	2.733	2.630	2.522	2.408	2.287
3.412	3.246	3.073	2.890	2.794	2.695	2.592	2.483	2.369	2.247
3.377	3.211	3.038	2.855	2.759	2.660	2.557	2.448	2.333	2.210
3.344	3.179	3.006	2.823	2.727	2.628	2.524	2.415	2.300	2.176
3.117	2.953	2.781	2.598	2.502	2.401	2.296	2.184	2.064	1.932
2.904	2.742	2.570	2.387	2.290	2.187	2.079	1.962	1.834	1.689
2.705	2.544	2.373	2.188	2.089	1.984	1.871	1.747	1.606	1.431
2.519	2.358	2.187	2.000	1.898	1.789	1.669	1.533	1.364	1.000

付表 4　F 分布表（α パーセント点 F_α）：$\alpha \to F_\alpha(\phi_1, \phi_2, 0.01)$

$$\alpha = \int_{F_\alpha}^{\infty} \phi_1^{\frac{\phi_1}{2}} \phi_2^{\frac{\phi_2}{2}} F^{\frac{\phi_1}{2}-1} (\phi_2 + \phi_1 F)^{-\frac{\phi_1+\phi_2}{2}} \bigg/ B\left(\frac{\phi_1}{2}, \frac{\phi_2}{2}\right) dF$$

ϕ_2 \ ϕ_1	1	2	3	4	5	6	7	8	9
1	4 052.181	4 999.500	5 403.352	5 624.583	5 763.650	5 858.986	5 928.356	5 981.070	6 022.473
2	98.503	99.000	99.166	99.249	99.299	99.333	99.356	99.374	99.388
3	34.116	30.817	29.457	28.710	28.237	27.911	27.672	27.489	27.345
4	21.198	18.000	16.694	15.977	15.522	15.207	14.976	14.799	14.659
5	16.258	13.274	12.060	11.392	10.967	10.672	10.456	10.289	10.158
6	13.745	10.925	9.780	9.148	8.746	8.466	8.260	8.102	7.976
7	12.246	9.547	8.451	7.847	7.460	7.191	6.993	6.840	6.719
8	11.259	8.649	7.591	7.006	6.632	6.371	6.178	6.029	5.911
9	10.561	8.022	6.992	6.422	6.057	5.802	5.613	5.467	5.351
10	10.044	7.559	6.552	5.994	5.636	5.386	5.200	5.057	4.942
11	9.646	7.206	6.217	5.668	5.316	5.069	4.886	4.744	4.632
12	9.330	6.927	5.953	5.412	5.064	4.821	4.640	4.499	4.388
13	9.074	6.701	5.739	5.205	4.862	4.620	4.441	4.302	4.191
14	8.862	6.515	5.564	5.035	4.695	4.456	4.278	4.140	4.030
15	8.683	6.359	5.417	4.893	4.556	4.318	4.142	4.004	3.895
16	8.531	6.226	5.292	4.773	4.437	4.202	4.026	3.890	3.780
17	8.400	6.112	5.185	4.669	4.336	4.102	3.927	3.791	3.682
18	8.285	6.013	5.092	4.579	4.248	4.015	3.841	3.705	3.597
19	8.185	5.926	5.010	4.500	4.171	3.939	3.765	3.631	3.523
20	8.096	5.849	4.938	4.431	4.103	3.871	3.699	3.564	3.457
21	8.017	5.780	4.874	4.369	4.042	3.812	3.640	3.506	3.398
22	7.945	5.719	4.817	4.313	3.988	3.758	3.587	3.453	3.346
23	7.881	5.664	4.765	4.264	3.939	3.710	3.539	3.406	3.299
24	7.823	5.614	4.718	4.218	3.895	3.667	3.496	3.363	3.256
25	7.770	5.568	4.675	4.177	3.855	3.627	3.457	3.324	3.217
26	7.721	5.526	4.637	4.140	3.818	3.591	3.421	3.288	3.182
27	7.677	5.488	4.601	4.106	3.785	3.558	3.388	3.256	3.149
28	7.636	5.453	4.568	4.074	3.754	3.528	3.358	3.226	3.120
29	7.598	5.420	4.538	4.045	3.725	3.499	3.330	3.198	3.092
30	7.562	5.390	4.510	4.018	3.699	3.473	3.304	3.173	3.067
40	7.314	5.179	4.313	3.828	3.514	3.291	3.124	2.993	2.888
60	7.077	4.977	4.126	3.649	3.339	3.119	2.953	2.823	2.718
120	6.851	4.787	3.949	3.480	3.174	2.956	2.792	2.663	2.559
∞	6.635	4.605	3.782	3.319	3.017	2.802	2.639	2.511	2.407

付　　　　　　　　　録　　　*155*

10	12	15	20	24	30	40	60	120	∞
6 055.847	6106.321	6 157.285	6 208.730	6 234.631	6 260.649	6 286.782	6 313.030	6 339.391	6 365.676
99.399	99.416	99.433	99.449	99.458	99.466	99.474	99.482	99.491	99.500
27.229	27.052	26.872	26.690	26.598	26.505	26.411	26.316	26.221	26.125
14.546	14.374	14.198	14.020	13.929	13.838	13.745	13.652	13.558	13.463
10.051	9.888	9.722	9.553	9.466	9.379	9.291	9.202	9.112	9.020
7.874	7.718	7.559	7.396	7.313	7.229	7.143	7.057	6.969	6.880
6.620	6.469	6.314	6.155	6.074	5.992	5.908	5.824	5.737	5.650
5.814	5.667	5.515	5.359	5.279	5.198	5.116	5.032	4.946	4.859
5.257	5.111	4.962	4.808	4.729	4.649	4.567	4.483	4.398	4.311
4.849	4.706	4.558	4.405	4.327	4.247	4.165	4.082	3.996	3.909
4.539	4.397	4.251	4.099	4.021	3.941	3.860	3.776	3.690	3.602
4.296	4.155	4.010	3.858	3.780	3.701	3.619	3.535	3.449	3.361
4.100	3.960	3.815	3.665	3.587	3.507	3.425	3.341	3.255	3.165
3.939	3.800	3.656	3.505	3.427	3.348	3.266	3.181	3.094	3.004
3.805	3.666	3.522	3.372	3.294	3.214	3.132	3.047	2.959	2.868
3.691	3.553	3.409	3.259	3.181	3.101	3.018	2.933	2.845	2.753
3.593	3.455	3.312	3.162	3.084	3.003	2.920	2.835	2.746	2.653
3.508	3.371	3.227	3.077	2.999	2.919	2.835	2.749	2.660	2.566
3.434	3.297	3.153	3.003	2.925	2.844	2.761	2.674	2.584	2.489
3.368	3.231	3.088	2.938	2.859	2.778	2.695	2.608	2.517	2.421
3.310	3.173	3.030	2.880	2.801	2.720	2.636	2.548	2.457	2.360
3.258	3.121	2.978	2.827	2.749	2.667	2.583	2.495	2.403	2.305
3.211	3.074	2.931	2.781	2.702	2.620	2.535	2.447	2.354	2.256
3.168	3.032	2.889	2.738	2.659	2.577	2.492	2.403	2.310	2.211
3.129	2.993	2.850	2.699	2.620	2.538	2.453	2.364	2.270	2.169
3.094	2.958	2.815	2.664	2.585	2.503	2.417	2.327	2.233	2.131
3.062	2.926	2.783	2.632	2.552	2.470	2.384	2.294	2.198	2.097
3.032	2.896	2.753	2.602	2.522	2.440	2.354	2.263	2.167	2.064
3.005	2.868	2.726	2.574	2.495	2.412	2.325	2.234	2.138	2.034
2.979	2.843	2.700	2.549	2.469	2.386	2.299	2.208	2.111	2.006
2.801	2.665	2.522	2.369	2.288	2.203	2.114	2.019	1.917	1.805
2.632	2.496	2.352	2.198	2.115	2.028	1.936	1.836	1.726	1.601
2.472	2.336	2.192	2.035	1.950	1.860	1.763	1.656	1.533	1.381
2.321	2.185	2.039	1.878	1.791	1.696	1.592	1.473	1.325	1.000

付表5　F 分布表（α パーセント点 F_α）：$\alpha \to F_\alpha(\phi_1, \phi_2, 0.025)$

$$\alpha = \int_{F_\alpha}^{\infty} \phi_1^{\frac{\phi_1}{2}} \phi_2^{\frac{\phi_2}{2}} F^{\frac{\phi_1}{2}-1} (\phi_2 + \phi_1 F)^{-\frac{\phi_1+\phi_2}{2}} \bigg/ B\left(\frac{\phi_1}{2}, \frac{\phi_2}{2}\right) dF$$

ϕ_2 \ ϕ_1	1	2	3	4	5	6	7	8	9
1	647.789	799.500	864.163	899.583	921.848	937.111	948.217	956.656	963.285
2	38.506	39.000	39.165	39.248	39.298	39.331	39.355	39.373	39.387
3	17.443	16.044	15.439	15.101	14.885	14.735	14.624	14.540	14.473
4	12.218	10.649	9.979	9.605	9.364	9.197	9.074	8.980	8.905
5	10.007	8.434	7.764	7.388	7.146	6.978	6.853	6.757	6.681
6	8.813	7.260	6.599	6.227	5.988	5.820	5.695	5.600	5.523
7	8.073	6.542	5.890	5.523	5.285	5.119	4.995	4.899	4.823
8	7.571	6.059	5.416	5.053	4.817	4.652	4.529	4.433	4.357
9	7.209	5.715	5.078	4.718	4.484	4.320	4.197	4.102	4.026
10	6.937	5.456	4.826	4.468	4.236	4.072	3.950	3.855	3.779
11	6.724	5.256	4.630	4.275	4.044	3.881	3.759	3.664	3.588
12	6.554	5.096	4.474	4.121	3.891	3.728	3.607	3.512	3.436
13	6.414	4.965	4.347	3.996	3.767	3.604	3.483	3.388	3.312
14	6.298	4.857	4.242	3.892	3.663	3.501	3.380	3.285	3.209
15	6.200	4.765	4.153	3.804	3.576	3.415	3.293	3.199	3.123
16	6.115	4.687	4.077	3.729	3.502	3.341	3.219	3.125	3.049
17	6.042	4.619	4.011	3.665	3.438	3.277	3.156	3.061	2.985
18	5.978	4.560	3.954	3.608	3.382	3.221	3.100	3.005	2.929
19	5.922	4.508	3.903	3.559	3.333	3.172	3.051	2.956	2.880
20	5.871	4.461	3.859	3.515	3.289	3.128	3.007	2.913	2.837
21	5.827	4.420	3.819	3.475	3.250	3.090	2.969	2.874	2.798
22	5.786	4.383	3.783	3.440	3.215	3.055	2.934	2.839	2.763
23	5.750	4.349	3.750	3.408	3.183	3.023	2.902	2.808	2.731
24	5.717	4.319	3.721	3.379	3.155	2.995	2.874	2.779	2.703
25	5.686	4.291	3.694	3.353	3.129	2.969	2.848	2.753	2.677
26	5.659	4.265	3.670	3.329	3.105	2.945	2.824	2.729	2.653
27	5.633	4.242	3.647	3.307	3.083	2.923	2.802	2.707	2.631
28	5.610	4.221	3.626	3.286	3.063	2.903	2.782	2.687	2.611
29	5.588	4.201	3.607	3.267	3.044	2.884	2.763	2.669	2.592
30	5.568	4.182	3.589	3.250	3.026	2.867	2.746	2.651	2.575
40	5.424	4.051	3.463	3.126	2.904	2.744	2.624	2.529	2.452
60	5.286	3.925	3.343	3.008	2.786	2.627	2.507	2.412	2.334
120	5.152	3.805	3.227	2.894	2.674	2.515	2.395	2.299	2.222
∞	5.024	3.689	3.116	2.786	2.567	2.408	2.288	2.192	2.114

付 録

	10	12	15	20	24	30	40	60	120	∞
	968.627	976.708	984.867	993.103	997.249	1 001.414	1 005.598	1 009.800	1 014.020	1 018.258
	39.398	39.415	39.431	39.448	39.456	39.465	39.473	39.481	39.490	39.498
	14.419	14.337	14.253	14.167	14.124	14.081	14.037	13.992	13.947	13.902
	8.844	8.751	8.657	8.560	8.511	8.461	8.411	8.360	8.309	8.257
	6.619	6.525	6.428	6.329	6.278	6.227	6.175	6.123	6.069	6.015
	5.461	5.366	5.269	5.168	5.117	5.065	5.012	4.959	4.904	4.849
	4.761	4.666	4.568	4.467	4.415	4.362	4.309	4.254	4.199	4.142
	4.295	4.200	4.101	3.999	3.947	3.894	3.840	3.784	3.728	3.670
	3.964	3.868	3.769	3.667	3.614	3.560	3.505	3.449	3.392	3.333
	3.717	3.621	3.522	3.419	3.365	3.311	3.255	3.198	3.140	3.080
	3.526	3.430	3.330	3.226	3.173	3.118	3.061	3.004	2.944	2.883
	3.374	3.277	3.177	3.073	3.019	2.963	2.906	2.848	2.787	2.725
	3.250	3.153	3.053	2.948	2.893	2.837	2.780	2.720	2.659	2.595
	3.147	3.050	2.949	2.844	2.789	2.732	2.674	2.614	2.552	2.487
	3.060	2.963	2.862	2.756	2.701	2.644	2.585	2.524	2.461	2.395
	2.986	2.889	2.788	2.681	2.625	2.568	2.509	2.447	2.383	2.316
	2.922	2.825	2.723	2.616	2.560	2.502	2.442	2.380	2.315	2.247
	2.866	2.769	2.667	2.559	2.503	2.445	2.384	2.321	2.256	2.187
	2.817	2.720	2.617	2.509	2.452	2.394	2.333	2.270	2.203	2.133
	2.774	2.676	2.573	2.464	2.408	2.349	2.287	2.223	2.156	2.085
	2.735	2.637	2.534	2.425	2.368	2.308	2.246	2.182	2.114	2.042
	2.700	2.602	2.498	2.389	2.331	2.272	2.210	2.145	2.076	2.003
	2.668	2.570	2.466	2.357	2.299	2.239	2.176	2.111	2.041	1.968
	2.640	2.541	2.437	2.327	2.269	2.209	2.146	2.080	2.010	1.935
	2.613	2.515	2.411	2.300	2.242	2.182	2.118	2.052	1.981	1.906
	2.590	2.491	2.387	2.276	2.217	2.157	2.093	2.026	1.954	1.878
	2.568	2.469	2.364	2.253	2.195	2.133	2.069	2.002	1.930	1.853
	2.547	2.448	2.344	2.232	2.174	2.112	2.048	1.980	1.907	1.829
	2.529	2.430	2.325	2.213	2.154	2.092	2.028	1.959	1.886	1.807
	2.511	2.412	2.307	2.195	2.136	2.074	2.009	1.940	1.866	1.787
	2.388	2.288	2.182	2.068	2.007	1.943	1.875	1.803	1.724	1.637
	2.270	2.169	2.061	1.944	1.882	1.815	1.744	1.667	1.581	1.482
	2.157	2.055	1.945	1.825	1.760	1.690	1.614	1.530	1.433	1.310
	2.048	1.945	1.833	1.708	1.640	1.566	1.484	1.388	1.268	1.000

付表6　F分布表（α パーセント点 F_α）: $\alpha \to F_\alpha(\phi_1, \phi_2, 0.05)$

$$\alpha = \int_{F_\alpha}^{\infty} \phi_1^{\frac{\phi_1}{2}} \phi_2^{\frac{\phi_2}{2}} F^{\frac{\phi_1}{2}-1} (\phi_2 + \phi_1 F)^{-\frac{\phi_1+\phi_2}{2}} \bigg/ B\left(\frac{\phi_1}{2}, \frac{\phi_2}{2}\right) dF$$

ϕ_2 \ ϕ_1	1	2	3	4	5	6	7	8	9
1	161.448	199.500	215.707	224.583	230.162	233.986	236.768	238.883	240.543
2	18.513	19.000	19.164	19.247	19.296	19.330	19.353	19.371	19.385
3	10.128	9.552	9.277	9.117	9.013	8.941	8.887	8.845	8.812
4	7.709	6.944	6.591	6.388	6.256	6.163	6.094	6.041	5.999
5	6.608	5.786	5.409	5.192	5.050	4.950	4.876	4.818	4.772
6	5.987	5.143	4.757	4.534	4.387	4.284	4.207	4.147	4.099
7	5.591	4.737	4.347	4.120	3.972	3.866	3.787	3.726	3.677
8	5.318	4.459	4.066	3.838	3.687	3.581	3.500	3.438	3.388
9	5.117	4.256	3.863	3.633	3.482	3.374	3.293	3.230	3.179
10	4.965	4.103	3.708	3.478	3.326	3.217	3.135	3.072	3.020
11	4.844	3.982	3.587	3.357	3.204	3.095	3.012	2.948	2.896
12	4.747	3.885	3.490	3.259	3.106	2.996	2.913	2.849	2.796
13	4.667	3.806	3.411	3.179	3.025	2.915	2.832	2.767	2.714
14	4.600	3.739	3.344	3.112	2.958	2.848	2.764	2.699	2.646
15	4.543	3.682	3.287	3.056	2.901	2.790	2.707	2.641	2.588
16	4.494	3.634	3.239	3.007	2.852	2.741	2.657	2.591	2.538
17	4.451	3.592	3.197	2.965	2.810	2.699	2.614	2.548	2.494
18	4.414	3.555	3.160	2.928	2.773	2.661	2.577	2.510	2.456
19	4.381	3.522	3.127	2.895	2.740	2.628	2.544	2.477	2.423
20	4.351	3.493	3.098	2.866	2.711	2.599	2.514	2.447	2.393
21	4.325	3.467	3.072	2.840	2.685	2.573	2.488	2.420	2.366
22	4.301	3.443	3.049	2.817	2.661	2.549	2.464	2.397	2.342
23	4.279	3.422	3.028	2.796	2.640	2.528	2.442	2.375	2.320
24	4.260	3.403	3.009	2.776	2.621	2.508	2.423	2.355	2.300
25	4.242	3.385	2.991	2.759	2.603	2.490	2.405	2.337	2.282
26	4.225	3.369	2.975	2.743	2.587	2.474	2.388	2.321	2.265
27	4.210	3.354	2.960	2.728	2.572	2.459	2.373	2.305	2.250
28	4.196	3.340	2.947	2.714	2.558	2.445	2.359	2.291	2.236
29	4.183	3.328	2.934	2.701	2.545	2.432	2.346	2.278	2.223
30	4.171	3.316	2.922	2.690	2.534	2.421	2.334	2.266	2.211
40	4.085	3.232	2.839	2.606	2.449	2.336	2.249	2.180	2.124
60	4.001	3.150	2.758	2.525	2.368	2.254	2.167	2.097	2.040
120	3.920	3.072	2.680	2.447	2.290	2.175	2.087	2.016	1.959
∞	3.841	2.996	2.605	2.372	2.214	2.099	2.010	1.938	1.880

10	12	15	20	24	30	40	60	120	∞
241.882	243.906	245.950	248.013	249.052	250.095	251.143	252.196	253.253	254.314
19.396	19.413	19.429	19.446	19.454	19.462	19.471	19.479	19.487	19.496
8.786	8.745	8.703	8.660	8.639	8.617	8.594	8.572	8.549	8.526
5.964	5.912	5.858	5.803	5.774	5.746	5.717	5.688	5.658	5.628
4.735	4.678	4.619	4.558	4.527	4.496	4.464	4.431	4.398	4.365
4.060	4.000	3.938	3.874	3.841	3.808	3.774	3.740	3.705	3.669
3.637	3.575	3.511	3.445	3.410	3.376	3.340	3.304	3.267	3.230
3.347	3.284	3.218	3.150	3.115	3.079	3.043	3.005	2.967	2.928
3.137	3.073	3.006	2.936	2.900	2.864	2.826	2.787	2.748	2.707
2.978	2.913	2.845	2.774	2.737	2.700	2.661	2.621	2.580	2.538
2.854	2.788	2.719	2.646	2.609	2.570	2.531	2.490	2.448	2.404
2.753	2.687	2.617	2.544	2.505	2.466	2.426	2.384	2.341	2.296
2.671	2.604	2.533	2.459	2.420	2.380	2.339	2.297	2.252	2.206
2.602	2.534	2.463	2.388	2.349	2.308	2.266	2.223	2.178	2.131
2.544	2.475	2.403	2.328	2.288	2.247	2.204	2.160	2.114	2.066
2.494	2.425	2.352	2.276	2.235	2.194	2.151	2.106	2.059	2.010
2.450	2.381	2.308	2.230	2.190	2.148	2.104	2.058	2.011	1.960
2.412	2.342	2.269	2.191	2.150	2.107	2.063	2.017	1.968	1.917
2.378	2.308	2.234	2.155	2.114	2.071	2.026	1.980	1.930	1.878
2.348	2.278	2.203	2.124	2.082	2.039	1.994	1.946	1.896	1.843
2.321	2.250	2.176	2.096	2.054	2.010	1.965	1.916	1.866	1.812
2.297	2.226	2.151	2.071	2.028	1.984	1.938	1.889	1.838	1.783
2.275	2.204	2.128	2.048	2.005	1.961	1.914	1.865	1.813	1.757
2.255	2.183	2.108	2.027	1.984	1.939	1.892	1.842	1.790	1.733
2.236	2.165	2.089	2.007	1.964	1.919	1.872	1.822	1.768	1.711
2.220	2.148	2.072	1.990	1.946	1.901	1.853	1.803	1.749	1.691
2.204	2.132	2.056	1.974	1.930	1.884	1.836	1.785	1.731	1.672
2.190	2.118	2.041	1.959	1.915	1.869	1.820	1.769	1.714	1.654
2.177	2.104	2.027	1.945	1.901	1.854	1.806	1.754	1.698	1.638
2.165	2.092	2.015	1.932	1.887	1.841	1.792	1.740	1.683	1.622
2.077	2.003	1.924	1.839	1.793	1.744	1.693	1.637	1.577	1.509
1.993	1.917	1.836	1.748	1.700	1.649	1.594	1.534	1.467	1.389
1.910	1.834	1.750	1.659	1.608	1.554	1.495	1.429	1.352	1.254
1.831	1.752	1.666	1.571	1.517	1.459	1.394	1.318	1.221	1.000

付表7 χ^2 分布表 (α パーセント点 χ_α^2): $\alpha \to \chi^2(\phi, \alpha)$

$$\alpha = \int_{\chi_\alpha^2}^{\infty} \left(\frac{\chi^2}{2}\right)^{\frac{\phi}{2}-1} e^{-\frac{\chi^2}{2}} \Big/ \left\{2\Gamma\left(\frac{\phi}{2}\right)\right\} d\chi^2$$

ϕ \ α	0.995	0.990	0.975	0.950	0.050	0.025	0.010	0.005
1	3.93E-05	1.57E-04	9.82E-04	3.93E-03	3.841	5.024	6.635	7.879
2	0.010	0.020	0.051	0.103	5.991	7.378	9.210	10.597
3	0.072	0.115	0.216	0.352	7.815	9.348	11.345	12.838
4	0.207	0.297	0.484	0.711	9.488	11.143	13.277	14.860
5	0.412	0.554	0.831	1.145	11.070	12.833	15.086	16.750
6	0.676	0.872	1.237	1.635	12.592	14.449	16.812	18.548
7	0.989	1.239	1.690	2.167	14.067	16.013	18.475	20.278
8	1.344	1.646	2.180	2.733	15.507	17.535	20.090	21.955
9	1.735	2.088	2.700	3.325	16.919	19.023	21.666	23.589
10	2.156	2.558	3.247	3.940	18.307	20.483	23.209	25.188
11	2.603	3.053	3.816	4.575	19.675	21.920	24.725	26.757
12	3.074	3.571	4.404	5.226	21.026	23.337	26.217	28.300
13	3.565	4.107	5.009	5.892	22.362	24.736	27.688	29.819
14	4.075	4.660	5.629	6.571	23.685	26.119	29.141	31.319
15	4.601	5.229	6.262	7.261	24.996	27.488	30.578	32.801
16	5.142	5.812	6.908	7.962	26.296	28.845	32.000	34.267
17	5.697	6.408	7.564	8.672	27.587	30.191	33.409	35.718
18	6.265	7.015	8.231	9.390	28.869	31.526	34.805	37.156
19	6.844	7.633	8.907	10.117	30.144	32.852	36.191	38.582
20	7.434	8.260	9.591	10.851	31.410	34.170	37.566	39.997
21	8.034	8.897	10.283	11.591	32.671	35.479	38.932	41.401
22	8.643	9.542	10.982	12.338	33.924	36.781	40.289	42.796
23	9.260	10.196	11.689	13.091	35.172	38.076	41.638	44.181
24	9.886	10.856	12.401	13.848	36.415	39.364	42.980	45.559
25	10.520	11.524	13.120	14.611	37.652	40.646	44.314	46.928
26	11.160	12.198	13.844	15.379	38.885	41.923	45.642	48.290
27	11.808	12.879	14.573	16.151	40.113	43.195	46.963	49.645
28	12.461	13.565	15.308	16.928	41.337	44.461	48.278	50.993
29	13.121	14.256	16.047	17.708	42.557	45.722	49.588	52.336
30	13.787	14.953	16.791	18.493	43.773	46.979	50.892	53.672
40	20.707	22.164	24.433	26.509	55.758	59.342	63.691	66.766
50	27.991	29.707	32.357	34.764	67.505	71.420	76.154	79.490
60	35.534	37.485	40.482	43.188	79.082	83.298	88.379	91.952
70	43.275	45.442	48.758	51.739	90.531	95.023	100.425	104.215
80	51.172	53.540	57.153	60.391	101.879	106.629	112.329	116.321
90	59.196	61.754	65.647	69.126	113.145	118.136	124.116	128.299
100	67.328	70.065	74.222	77.929	124.342	129.561	135.807	140.169

付表 8 相関係数 r の分布表（P パーセント点 r）：$P \to r(\phi, P)$

$$P = 2\int_r^1 (1-x^2)^{\frac{\phi}{2}-1} \Big/ \Big\{B\Big(\frac{\phi}{2}, \frac{1}{2}\Big)\Big\} dx$$

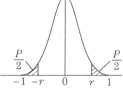

ϕ \ P	0.10	0.05	0.02	0.01
10	0.497 3	0.576 0	0.658 1	0.707 9
11	0.476 2	0.552 9	0.633 9	0.683 5
12	0.457 5	0.532 4	0.612 0	0.661 4
13	0.440 9	0.514 0	0.592 3	0.641 1
14	0.425 9	0.497 3	0.574 2	0.622 6
15	0.412 4	0.482 1	0.557 7	0.605 5
16	0.400 0	0.468 3	0.542 5	0.589 7
17	0.388 7	0.455 5	0.528 5	0.575 1
18	0.378 3	0.443 8	0.515 5	0.561 4
19	0.368 7	0.432 9	0.503 4	0.548 7
20	0.359 8	0.422 7	0.492 1	0.536 8
25	0.323 3	0.380 9	0.445 1	0.486 9
30	0.296 0	0.349 4	0.409 3	0.448 7
35	0.274 6	0.324 6	0.381 0	0.418 2
40	0.257 3	0.304 4	0.357 8	0.393 2
50	0.230 6	0.273 2	0.321 8	0.354 2
60	0.210 8	0.250 0	0.294 8	0.324 8
70	0.195 4	0.231 9	0.273 7	0.301 7
80	0.182 9	0.217 2	0.256 5	0.283 0
90	0.172 6	0.205 0	0.242 2	0.267 3
100	0.163 8	0.194 6	0.230 1	0.254 0

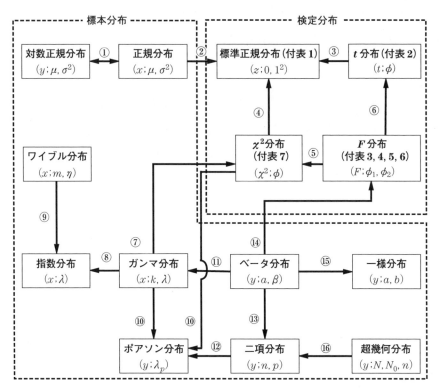

付図 13 諸分布間の関係図

付表9 諸分布間の関係表

①	対数正規分布 ⇔ 正規分布	$y = e^x,\ x = \ln y$ $f(y, \mu, \sigma^2) = \dfrac{1}{\sqrt{2\pi}\,\sigma y} \exp\left\{\dfrac{-(\log y - \mu)^2}{2\sigma^2}\right\},\ y \geq 0$ $\iff f(x, \mu, \sigma^2) = \dfrac{1}{\sqrt{2\pi}\,\sigma} \exp\left\{\dfrac{-(x-\mu)^2}{2\sigma^2}\right\},\ -\infty < x < \infty$
②	正規分布 → 標準正規分布	$x = \mu + Z\sigma$
③	t 分布 → 標準正規分布	$\phi \to \infty,\ t = z$
④	χ^2 分布 → 標準正規分布	$\phi = 1,\ \sqrt{\chi^2} = \|z\|$
⑤	F 分布 → χ^2 分布	$F = \chi^2/\phi,\ \phi_1 = \phi,\ \phi_2 \to \infty$ または $F = \phi/\chi^2,\ \phi_1 \to \infty,\ \phi_2 = \phi$
⑥	F 分布 → t 分布	$\sqrt{F} = t,\ \phi_1 = 1,\ \phi_2 = \phi$ または $1/\sqrt{F} = t,\ \phi_1 = \phi,\ \phi_2 = 1$
⑦	ガンマ分布 → χ^2 分布	$k = \phi/2,\ \lambda = 1,\ x = \chi^2/2$
⑧	ガンマ分布 → 指数分布	$k = 1$
⑨	ワイブル分布 → 指数分布	$m = 1,\ \eta = 1/\lambda$
⑩	ガンマ分布 (χ^2 分布) → ポアソン分布	$x = \chi^2/2 = \lambda_p,\ \lambda = 1,$ $k = \phi/2 = y + 1$
⑪	ベータ分布 → ガンマ分布	$y = x/(\beta - 1),\ \beta \to \infty$ または $y = 1 - x/(\alpha - 1),\ \alpha \to \infty$
⑫	二項分布 → ポアソン分布	$n \to \infty,\ np = \lambda_p,\ p \to 0$
⑬	ベータ分布 → 二項分布	$y = p,\ \alpha + \beta - 1 = n$
⑭	ベータ分布 → F 分布	$y = \phi_2/(\phi_2 + \phi_1 F),\ \alpha = \phi_2/2,$ $\beta = \phi_1/2$ または $y = \phi_1 F/(\phi_2 + \phi_1 F),$ $\alpha = \phi_1/2,\ \beta = \phi_2/2$
⑮	ベータ分布 → 一様分布	$\alpha = 1,\ \beta = 1,\ a = 0,\ b = 1$
⑯	超幾何分布 → 二項分布	$N \to \infty,\ N_0/N = p$

参 考 文 献

(1) S. M. Kendall and A. Stuart：The Advanced Theory of Statistics Volume. 1 Distribution Theory 6 th edition, Charles Griffin & Company Limited (1994)
(2) 蓑谷千凰彦：統計分布ハンドブック，朝倉書店 (2003)
(3) 竹内　啓，大橋靖雄：統計的推測―2 標本問題，日本評論社 (1981)
(4) I. ガットマン，S. S. ウィルクス共著，　石井恵一，堀　素夫共訳：工学系のための統計概論，培風館 (1968)
(5) P. G. ホーエル著，浅井　晃，村上正康訳：初等統計学，培風館 (1981)
(6) 東京大学教養学部統計学教室編：統計学入門，東京大学出版会 (1991)
(7) 竹内　啓編：統計学辞典，東洋経済新報社 (1989)
(8) 石村貞夫，デズモンド・アレン：すぐわかる統計用語，東京図書 (1997)
(9) 日本数学会編：岩波数学事典　第 3 版，岩波書店 (1985)
(10) 草場郁郎：新編 統計的方法演習，文祥堂 (1974)
(11) 髙木金地：統計的品質管理の基礎，産業図書 (1961)
(12) 日本規格協会編：JIS ハンドブック 56 標準化 (2004)，日本規格協会 (2004)
(13) 山内二郎編：簡約統計数値表，日本規格協会 (1977)
(14) 東京大学教養学部統計学教室編：自然科学の統計学，東京大学出版会 (1992)

問題の解答

1 章

問題 1.1

20人から5人を選ぶ組合せの総数は $_{20}C_5$ である。そのうち男性が2人選ばれる組合せは $_{12}C_2$ であり，女性が3人選ばれる組合せは $_8C_3$ である。よって，求める確率はつぎのようになる。

$$\frac{_{12}C_2 \cdot {}_8C_3}{_{20}C_5} = \frac{66 \cdot 56}{15\,504} = 0.238$$

問題 1.2

このシステムが正常に機能するためのパス（道）は $(1,2,3)$，$(1,4)$，$(5,6)$ の三つである。
それぞれのパスが正常に機能するという事象を

$$R(1,2,3), \quad R(1,4), \quad R(5,6)$$

とする。いまシステムが正常に機能する確率を R_s とする。システム全体では，この三つのパスのどれかが機能すれば良いことになるので，つぎのようになる。

$$\begin{aligned}
R_s &= \Pr\{R(1,2,3) \cup R(1,4) \cup R(5,6)\} \\
&= \Pr\{R(1,2,3)\} + \Pr\{R(1,4)\} + \Pr\{R(5,6)\} - \Pr\{R(1,2,3) \cap R(1,4)\} \\
&\quad - \Pr\{R(1,2,3) \cap R(5,6)\} - \Pr\{R(1,4) \cap R(5,6)\} \\
&\quad + \Pr\{R(1,2,3) \cap R(1,4) \cap R(5,6)\}
\end{aligned}$$

さらにそれぞれのパスが機能する確率は，各要素の機能する確率の積で表されるので，システム全体が正常に機能する確率は

$$\begin{aligned}
R_s &= R^3 + R^2 + R^2 - R^4 - R^5 - R^4 + R^6 \\
&= 2R^2 + R^3 - 2R^4 - R^5 + R^6
\end{aligned}$$

問題 1.3

それぞれの事象をつぎのように定義する。
A_1：晴れ，A_2：曇り，A_3：雨，B：店が満員になる
$\{B|A_1\}$：晴れの日に店が満員になる

$\{B|A_2\}$：曇りの日に店が満員になる

$\{B|A_3\}$：雨の日に店が満員になる

また，それぞれの事象の起きる確率は

$$\Pr\{A_1\}=\Pr\{A_2\}=\Pr\{A_3\}=1/3$$
$$\Pr\{B|A_1\}=0.7, \ \Pr\{B|A_2\}=0.5, \ \Pr\{B|A_3\}=0.3$$

である．求める確率はベイズの定理を用いて

$$\Pr\{A_3|B\}=\frac{\Pr\{A_3\}\Pr\{B|A_3\}}{\sum_{k=1}^{n}\Pr\{A_k\}\Pr\{B|A_k\}}, \ i=1,2,3$$

$$=\frac{\frac{1}{3}\times 0.3}{\frac{1}{3}\times 0.7+\frac{1}{3}\times 0.5+\frac{1}{3}\times 0.3}=0.2$$

2 章

問題 2.1

$\overline{X}=6.71$ 　　中央値（Median）$=6$

$\overline{X_G}=6.02$ 　　最頻値（Mode）$=6$

$\overline{X_H}=5.15$

問題 2.2

a) $\overline{X}=5.4$

Median$=\frac{5+5}{2}=5$

Mode$=5$

b) $\overline{X}=39.8$

Median$=39.5$

Mode＝存在しない

問題 2.3

a) $\overline{X}=\frac{1}{n}\sum_{i=1}^{n}X_i=\frac{1}{9}\times 260 \fallingdotseq 28.9$

$s=\sqrt{\frac{1}{n-1}\left\{\sum_{i=1}^{n}X_i^2-\frac{1}{n}(\sum X_i)^2\right\}}$

$\fallingdotseq 7.2$

$a_3=\frac{m_3}{m_2^{3/2}}=\frac{9.8}{(45.9)^{3/2}}\fallingdotseq 0.03$

$a_4=\frac{m_4}{m_2^2}=\frac{3\,862.9}{(45.9)^2}\fallingdotseq 1.8$

b) $\overline{X}=\frac{1}{100\,n}\sum_{i=1}^{n}100\,X_i \fallingdotseq 0.076$

$$s = \sqrt{\frac{1}{100^2(n-1)}\left\{\sum_{i=1}^{n}(100\,X_i)^2 - \frac{1}{n}\left(\sum_{i=1}^{n}100\,X_i\right)^2\right\}}$$
$$\fallingdotseq 0.025$$
$$a_3 = \frac{m_3}{m_2^{3/2}} = \frac{4.41}{(5.58)^{3/2}} \fallingdotseq 0.335$$
$$a_4 = \frac{m_4}{m_2^2} = \frac{70.97}{(5.58)^2} \fallingdotseq 2.279$$

問題 2.4

級の数 k は，およそ $k=\sqrt{50}\fallingdotseq 7$ 程度がよい。また，級間隔 h は
$$h \fallingdotseq \frac{最大値-最小値}{k} = \frac{206-157}{7} = 7$$
となる。しかし，データの整理の容易さを考え，ここでは $h=10$ とする。それに伴い，$k=6$ とする。これに従い，度数分布表を作成するとつぎの表となる。また，標本平均，標準偏差が計算しやすいように表を作成しておく（**解表 2.1**）。

解表 2.1 度数分布表

No.	級 (未満)	X_i	f_i	Xf	X^2f
1	150～160	155	1	155	24 025
2	160～170	165	5	825	136 125
3	170～180	175	19	3 325	581 875
4	180～190	185	11	2 035	376 475
5	190～200	195	12	2 340	456 300
6	200～210	205	2	410	84 050
	計		50	9 090	1 658 850

$$\overline{X} = \frac{1}{50} \times 9\,090 = 181.8$$
$$s = \sqrt{\frac{1}{49}\left\{1\,658\,850 - \frac{1}{50} \times 9\,090^2\right\}}$$
$$= 11.3$$

参考までに，度数分布表を利用しない場合の値はつぎのようになる。

$\overline{X} = 181.2$，$s = 11.1$

また，ヒストグラムはつぎの**解図 2.1** のとおりである。

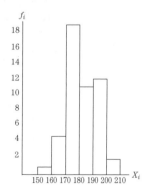

解図 2.1 ヒストグラム

168　問題の解答

問題 2.5

a) 1.30,　　b) 0.064,　　c) 4.19

3 章

問題 3.1

	X_0	X_1	X_2	X_3	X_4	X_5
a)	1	13	4	7	1	13
b)	1	23	4	17	16	18
c)	1	33	4	27	16	3

問題 3.2

a)　$n=4$,　$X_0 = 9\,999$

0.980 0	0.040 0	0.160 0	0.560 0	0.360 0
0.960 0	0.160 0	0.560 0	0.360 0	0.960 0
0.160 0	0.560 0	0.360 0	0.960 0	0.160 0
0.560 0	0.360 0	0.960 0	0.160 0	0.560 0
0.360 0	0.960 0	0.160 0	0.560 0	0.360 0
0.960 0	0.160 0	0.560 0	0.360 0	0.960 0
0.160 0	0.560 0	0.360 0	0.960 0	0.160 0
0.560 0	0.360 0	0.960 0	0.160 0	0.560 0
0.360 0	0.960 0	0.160 0	0.560 0	0.360 0
0.960 0	0.160 0	0.560 0	0.360 0	0.960 0

b)　$n=4$,　$X_0 = 2\,468$

0.091 0	0.828 1	0.574 9	0.051 0	0.260 1
0.765 2	0.553 1	0.591 9	0.034 5	0.119 0
0.416 1	0.313 9	0.853 3	0.812 0	0.934 4
0.310 3	0.628 6	0.513 7	0.388 7	0.108 7
0.181 5	0.294 2	0.655 3	0.941 8	0.698 7
0.818 1	0.928 7	0.248 3	0.165 2	0.729 1
0.158 6	0.515 3	0.553 4	0.625 1	0.075 0
0.562 5	0.640 6	0.036 8	0.135 4	0.833 3
0.438 8	0.254 5	0.477 0	0.752 9	0.685 8
0.032 1	0.103 0	0.060 9	0.370 8	0.749 2

解表 3.1 が a) の擬似乱数の度数分布表である。
解表 3.2 が b) の擬似乱数の度数分布表である。

<table>
<tr><td colspan="3">解表 3.1 度数分布表</td></tr>
<tr><th>No.</th><th>級</th><th>度数 (f_i)</th></tr>
<tr><td>1</td><td>0.0〜0.1</td><td>1</td></tr>
<tr><td>2</td><td>0.1〜0.2</td><td>12</td></tr>
<tr><td>3</td><td>0.2〜0.3</td><td>0</td></tr>
<tr><td>4</td><td>0.3〜0.4</td><td>12</td></tr>
<tr><td>5</td><td>0.4〜0.5</td><td>0</td></tr>
<tr><td>6</td><td>0.5〜0.6</td><td>12</td></tr>
<tr><td>7</td><td>0.6〜0.7</td><td>0</td></tr>
<tr><td>8</td><td>0.7〜0.8</td><td>0</td></tr>
<tr><td>9</td><td>0.8〜0.9</td><td>0</td></tr>
<tr><td>10</td><td>0.9〜1.0</td><td>13</td></tr>
<tr><td colspan="2">計</td><td>50</td></tr>
</table>

<table>
<tr><td colspan="3">解表 3.2 度数分布表</td></tr>
<tr><th>No.</th><th>級</th><th>度数 (f_i)</th></tr>
<tr><td>1</td><td>0.0〜0.1</td><td>7</td></tr>
<tr><td>2</td><td>0.1〜0.2</td><td>7</td></tr>
<tr><td>3</td><td>0.2〜0.3</td><td>4</td></tr>
<tr><td>4</td><td>0.3〜0.4</td><td>4</td></tr>
<tr><td>5</td><td>0.4〜0.5</td><td>3</td></tr>
<tr><td>6</td><td>0.5〜0.6</td><td>7</td></tr>
<tr><td>7</td><td>0.6〜0.7</td><td>6</td></tr>
<tr><td>8</td><td>0.7〜0.8</td><td>4</td></tr>
<tr><td>9</td><td>0.8〜0.9</td><td>5</td></tr>
<tr><td>10</td><td>0.9〜1.0</td><td>3</td></tr>
<tr><td colspan="2">計</td><td>50</td></tr>
</table>

考察（ポイント）：n や初期値をうまく選ばないと，周期が早く出てしまい十分な数の乱数を作れない。

（以下省略）

問題 3.3

a)
$$E[X] = \sum_{x=0}^{n} x p(x)$$
$$= \sum_{x=0}^{n} x \binom{n}{x} p^x (1-p)^{n-x}$$
$$= \sum_{x=1}^{n} x \binom{n}{x} p^x (1-p)^{n-x}$$
$$= np \sum_{x=1}^{n} \binom{n-1}{x-1} p^{x-1} (1-p)^{n-x}$$
$$= np$$

$$V[X] = E[(X-\mu)^2]$$
$$= E[X^2] - \mu^2$$
$$= \sum_{x=1}^{n} x(x-1) p(x) + np - (np)^2$$
$$= n(n-1) p^2 + np - (np)^2$$
$$= np(1-p)$$

b) $E[X] = \int_{-\infty}^{\infty} \frac{1}{\sigma\sqrt{2\pi}} x \exp\left[-\frac{1}{2}\left(\frac{x-\mu}{\sigma}\right)^2\right] dx$

$= \int_{-\infty}^{\infty} \frac{1}{\sqrt{2\pi}} (\mu + \sigma z) \exp\left[-\frac{z^2}{2}\right] dz$

$= \mu \int_{-\infty}^{\infty} \frac{1}{\sqrt{2\pi}} \exp\left[-\frac{z^2}{2}\right] dz$

$= \mu$

$V[X] = \int_{-\infty}^{\infty} (x-\mu)^2 \frac{1}{\sigma\sqrt{2\pi}} \exp\left[-\frac{1}{2}\left(\frac{x-\mu}{\sigma}\right)^2\right] dx$

$= \int \sigma^2 z^2 \frac{1}{\sqrt{2\pi}} \exp\left[-\frac{z^2}{2}\right] dz$

$= \sigma^2 \quad \left(\text{ただし},\ \Gamma\left(\frac{1}{2}\right) = \sqrt{\pi}: \text{ガンマ関数}\right)$

問題 3.4

まず，$np = \mu$（$=$一定）
とおいて，$n \to \infty$，$p \to 0$ を考えると

$\lim_{\substack{n \to \infty \\ p \to 0}} p(x) = \lim_{\substack{n \to \infty \\ p \to 0}} \frac{n!}{x!(n-x)!} \cdot \frac{\mu^x}{n^x} \cdot \frac{(1-p)^n}{(1-p)^x}$

$= \lim_{\substack{n \to \infty \\ p \to 0}} \frac{n(n-1)\cdots(n-x+1)}{n \cdot n \cdots\cdots\cdots n} \cdot \frac{\mu^x}{x!} \cdot \frac{\left(1-\frac{\mu}{n}\right)^n}{\left(1-\frac{\mu}{n}\right)^x}$

$= \lim_{\substack{n \to \infty \\ p \to 0}} 1 \cdot \left(1 - \frac{1}{n}\right) \cdots \left(1 - \frac{x-1}{n}\right) \cdot \frac{\mu^x}{x!} \cdot \frac{\left(1-\frac{\mu}{n}\right)^n}{\left(1-\frac{\mu}{n}\right)^x}$

$= \lim_{n \to \infty} \frac{\mu^x}{x!} \left(1 - \frac{\mu}{n}\right)^n$

$= \frac{\mu^x}{x!} e^{-\mu}$

となる。これはポアソン分布の確率関数である。

問題 3.5

$E[X] = \int_0^{\infty} x \frac{m}{\eta} \left(\frac{x}{\eta}\right)^{m-1} \exp\left[-\left(\frac{x}{\eta}\right)^m\right] dx$

$= \int_0^{\infty} \eta y^{1/m} e^{-y} dy$

$$= \int_0^\infty \eta y^{1/m+1-1} e^{-y} dy$$

$$= \eta \Gamma\left(\frac{1}{m}+1\right)$$

$$E[X^2] = \int_0^\infty x^2 \frac{m}{\eta}\left(\frac{x}{\eta}\right)^{m-1} \exp\left[-\left(\frac{x}{\eta}\right)^m\right] dx$$

$$= \eta^2 \Gamma\left(\frac{2}{m}+1\right)$$

$$V[X] = E[X^2] - E[X]^2$$

$$= \eta^2 \left\{\Gamma\left(\frac{2}{m}+1\right) - \Gamma^2\left(\frac{1}{m}+1\right)\right\}$$

また式(3.5)において，$m=1$ とおくと

$$f(x) = \frac{1}{\eta}\exp\left[-\frac{x}{\eta}\right]$$

となる。これは，指数分布の確率密度関数である。

問題 3.6

a) の場合

平均値と分散が等しいので，$\mu = \sigma^2 = 10$ である。よって，チェビシェフの不等式を用いると，一定時間に 25 人以上通る場合は以下のように求められる。まず，平均値からの距離は $|X-\mu|=|25-10|=15$ である。この値が $\lambda\sigma = \lambda\sqrt{10}$ となるときの λ を求めると $\lambda = 15/\sqrt{10}$ となる。

よって 25 人以上通る確率は

$$\Pr\{X \geq 25\} \leq \frac{1}{\left(\frac{15}{\sqrt{10}}\right)^2} = 0.044$$

b) の場合

一定期間の通行量の分布がポアソン分布に従っていることがわかっているので，母数である平均値と分散を求める。このとき，ポアソン分布の平均値(λ)と分散(λ)は等しいので，$\mu = \sigma^2 = \lambda = 10$ となる。よってポアソン分布の確率分布は

$$P_0(x) = \frac{e^{-\lambda} \lambda^x}{x!}$$

より，25 人以上通る確率は，以下の式で求まる。

$$\Pr\{X \geq 25\} = 1 - \sum_{x=0}^{24} \frac{e^{-\lambda} \lambda^x}{x!}$$

$$= 1 - 0.999\ 95$$

$$= 0.000\ 05$$

問題 3.7

$$f(x) = mx^{m-1}\exp(-x^m)$$
$$F(x) = 1 - \exp(-x^m) = R \quad (R：擬似乱数)$$
$$x^m = -\log(1-R)$$
$$x = \{-\log(1-R)\}^{1/m}$$

この式を用いて，求めたワイブル乱数を**解表 3.3**に示す。
ここでは，形状母数 $m=2.0$，$\eta=1.0$ の場合のワイブル分布に従う擬似乱数を発生させる場合を**解図 3.1**に示した。

解表 3.3 R_i に対応したワイブル乱数：W_i

i	$m=1.0$	$m=2.0$	$m=3.0$
1	1.39	1.18	1.12
2	2.53	1.59	1.36
3	0.42	0.64	0.75
4	0.33	0.57	0.69
5	1.47	1.21	1.14
6	0.34	0.59	0.70
7	0.11	0.32	0.47
8	1.97	1.40	1.25
9	0.30	0.55	0.67
10	2.12	1.46	1.28

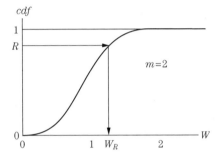

解図 3.1 逆関数法（ワイブル分布）

4 章

問題 4.1

$$X \sim N(\mu, \sigma^2) = N(20, 4^2)$$
$$\overline{X} \sim N\left(\mu, \frac{\sigma^2}{n}\right) = N\left(20, \frac{4^2}{30}\right)$$
$$\Pr\{\overline{X} \leq 18\} = \Pr\left\{(\overline{X}-\mu)\frac{\sqrt{n}}{\sigma} \leq (18-20)\frac{\sqrt{30}}{4}\right\}$$
$$= \Pr\{z \leq -2.74\}$$
$$= 0.0031$$

問題 4.2

$$M_Z(\theta) = M_{(X-\mu)/\sigma}(\theta)$$
$$= E\left[\exp\left(\frac{X-\mu}{\sigma}\right)\theta\right]$$
$$= \exp\left(-\frac{\mu\theta}{\sigma}\right) M_X\left(\frac{\theta}{\sigma}\right)$$

ここで
$$M_X(\theta) = \exp\left(\mu\theta + \frac{\sigma^2\theta^2}{2}\right)$$
であるから
$$M_X\left(\frac{\theta}{\sigma}\right) = \exp\left(\frac{\mu\theta}{\sigma} + \frac{\theta^2}{2}\right)$$
したがって
$$M_Z(\theta) = \exp\left(-\frac{\mu\theta}{\sigma}\right)\exp\left(\frac{\mu\theta}{\sigma} + \frac{\theta^2}{2}\right) = \exp\left(\frac{\theta^2}{2}\right)$$

問題 4.3
$$X \sim N(\mu, \sigma^2) = N(550, 70^2)$$
$$\Pr\{X \geq 450\} = \Pr\left\{\frac{X-\mu}{\sigma} \geq \frac{450-550}{70}\right\}$$
$$= \Pr\{z \geq -1.4285\} = 0.9236$$

問題 4.4

a) $\mu = np = 20 \times 0.05 = 1.00$
    $\sigma^2 = np(1-p) = 20 \times 0.05 \times 0.95 = 0.95$
    $\Pr\{X \leq 1\} \fallingdotseq \Pr\{X \leq 1.5\}$
    $\qquad = \Pr\left\{Z \leq \frac{1.5-1.0}{\sqrt{0.95}}\right\}$
    $\qquad = \Pr\{Z \leq 0.513\} = 0.696$

b) $\mu = np = 2\,000 \times 0.05 = 100$
    $\sigma^2 = np(1-p) = 100 \times 0.95 = 95$
    $\sigma = 9.747$
    $\Pr\{X_B \leq 100\} \fallingdotseq \Pr\{X_N \leq 100.5\}$
    $\qquad = \Pr\left\{Z \leq \frac{100.5-100}{9.747}\right\}$
    $\qquad = \Pr\{Z \leq 0.05\} \fallingdotseq 0.520$

c) 平均,分散は b) と同様である。
    $\Pr\{80 \leq X_B \leq 120\} \fallingdotseq \Pr\left\{\frac{79.5-100}{9.747} \leq Z \leq \frac{120.5-100}{9.747}\right\}$
    $\qquad = \Pr\{-2.10 < Z \leq 2.10\} = 0.964$

ここで,添字の B, N はそれぞれ Binomial distribution と Normal distribution を表している。

問題 4.5

$\mu = np = 100 \times 0.1 = 10$

$\sigma^2 = np(1-p) = 100 \times 0.1 \times 0.9 = 9, \quad \sigma = 3$

$\Pr\{X_B \geq 14\} \fallingdotseq \Pr\{X_N \geq 13.5\} = \Pr\left\{Z \geq \dfrac{13.5-10}{3}\right\}$

$\qquad = \Pr\{Z \geq 1.167\} \fallingdotseq 0.121\,6$

問題 4.6

乗れない人が出るのは，キャンセルする人が 19 人以下の場合

$n = 320, \quad p = 0.1$

$\mu = np = 320 \times 0.1 = 32$

$\sigma^2 = np(1-p) = 320 \times 0.1 \times 0.9 = 28.8, \quad \sigma = 5.37$

$\Pr\{X_B \leq 19\} \fallingdotseq \Pr\{X_N \leq 19.5\}$

$\qquad = \Pr\left\{Z \leq \dfrac{19.5-32}{5.37}\right\}$

$\qquad = \Pr\{Z \leq -2.328\} \fallingdotseq 0.010$

5 章

問題 5.1

1. 方 針

母平均既知，母分散未知として，このデータが $\mu = 76.7$ の母集団に属するという帰無仮説を立てて，平均の差の検定を行う（両側検定）。その際検定のための統計量としてつぎのものを用いる。

$$t_0 = \dfrac{\overline{X} - \mu_0}{\dfrac{\sqrt{V}}{\sqrt{n}}} \sim \quad \text{自由度 } \phi = n-1 \text{ の } t \text{ 分布} \quad t(\phi, \alpha)$$

2. 解 析

帰無仮説　$H_0: \mu_1 = \mu_0, \quad \mu_0:$ 肥料甲による母平均

対立仮説　$H_1: \mu_1 \neq \mu_0, \quad \mu_1:$ 肥料乙による母平均

有意水準　$\alpha = 0.05$（5 %）両側検定

統計量と棄却域 R　$|t_0| \geq t(\phi, \alpha/2)$

$X = (x - 80) \times 10$

$S_x = 17\,012 - \dfrac{(-230)^2}{10} = 11\,722$

$\overline{X} = \dfrac{-230}{10} = -23.0$

$\phi = n-1 = 9$

$V_x = \dfrac{11\,722}{9} = 1\,302$

$s_x = \sqrt{V_x} = \sqrt{1\,302} = 36.1$

従来の肥料甲による収穫量の平均値も同様のデータ変換を行う。

$\mu_0 = (76.7 - 80) \times 10 = -33$

$t_0 = \dfrac{-23.0 - (-33.0)}{\dfrac{36.1}{\sqrt{10}}} = 0.876$

これより

$t(9, 0.025) = 2.262$ と比較して H_0 は採択され，差は有意でない。

3．結　　論

従来の肥料甲に比べて収穫量に違いがあるとはいえない。

問題 5.2
1．方　　針
1) データが多ければヒストグラムを描いて検討すべきであるが，$n=10$ ではそうはいかないので，μ と σ^2 を推定する。
2) 試料の平均 $\overline{X}$ が $\mu \pm t(\phi, 0.05)\sqrt{V}/\sqrt{n}$ の間に存在する確率が，$1-0.05 = 0.95$ であることを利用して μ の存在する上限と下限を求める。

2．解　　析
1) データより 25.10 を引き，100 倍して表を作る（**解表 5.1**）。

$\hat{\mu} = \overline{X} = 25.10 + \dfrac{69}{10} \times \dfrac{1}{100} = 25.17$

解表 5.1　計算表

x	$X = (x-25.10) \times 100$	X^2
25.06	-4	16
25.07	-3	9
25.16	6	36
25.19	9	81
25.23	13	169
25.30	20	400
25.02	-8	64
25.18	8	64
25.23	13	169
25.25	15	225
計	69	1 233

$$S_x = \sum_{i=1}^{n} X^2 - \frac{\left(\sum_{i=1}^{n} X\right)^2}{n} = 1\,233 - \frac{69^2}{10} = 757$$

$$V_x = \frac{S_x}{\phi} = \frac{757}{9} = 84.1$$

$$V = 84.1 \times \frac{1}{100^2}$$

$$s = \sqrt{V} = \sqrt{84.1} \times \frac{1}{100} = 0.091\,7$$

2) 母平均の 95 % の信頼限界を求める。

$$\overline{X} \pm \frac{t(\phi, 0.05)\,s}{\sqrt{n}} = 25.17 \pm \frac{2.26 \times 0.091\,7}{\sqrt{10}}$$
$$= 25.10 \text{ および } 25.24$$

問題 5.3

1. 方　　針

1) まず，両者のバラツキに違いがないかどうかを，母分散が等しいという帰無仮説を立てて F 検定によって調べる（等分散性の検定：両側検定）。
2) 平均の差の検定を行う。母平均が同じという帰無仮説を立てて両側検定を行う。

2. 解　　析

1) 1 号機，2 号機の製品の母平均をそれぞれ μ_1, μ_2。分散をそれぞれ σ_1^2, σ_2^2, とする。等分散性の検定をするためにつぎの仮説を立てる。

帰無仮説　$H_0 : \sigma_1^2 = \sigma_2^2$
対立仮説　$H_1 : \sigma_1^2 \neq \sigma_2^2$
有意水準　$\alpha = 0.05$（5 %）両側検定
統計量と棄却域　R　$F_0 \geq F(\phi_A, \phi_B ; \alpha/2)$　または　$F_0 \geq F(\phi_A, \phi_B ; 1-\alpha/2)$

2) データより 0.185 を引き，10^3 倍してから計算する（**解表 5.2**）。

$$S_{x1} = 102 - \frac{(-4)^2}{7} = 100$$

$$S_{x2} = 298 - \frac{38^2}{8} = 118$$

$$V_{x1} = \frac{S_{x1}}{\phi_1} = \frac{100}{6} = 16.6$$

$$V_{x2} = \frac{S_{x2}}{\phi_2} = \frac{118}{7} = 16.8$$

ただし，ϕ は自由度で $\phi = n-1$ である。これより

解表 5.2　計算表

$X_1 = (X_1 - 0.185) \times 10^3$	X_1^2	$X_2 = (X_2 - 0.185) \times 10^3$	X_2^2
-3	9	4	16
-4	16	7	49
-3	9	1	1
4	16	9	81
-4	16	5	25
6	36	11	121
0	0	-1	1
		2	4
計　-4	102	38	298

$$F_0 = \frac{16.6}{16.8} = 0.99, \quad \frac{1}{F(7,6\,;\,0.025)} = \frac{1}{5.695} = 0.18$$

となり，その結果より有意ではない．したがって分散に違いがあるとはいえない．

3)　そこで，分散が等しい場合の平均の差の検定を行う．

帰無仮説　　$H_0 : \mu_1^2 = \mu_0^2$
対立仮説　　$H_1 : \mu_1^2 \neq \mu_0^2$
有意水準　　$\alpha = 0.05$（5 %）両側検定
統計量と棄却域　$R \quad |t_0| \geq t(\phi, \alpha/2)$

$$\overline{X_1} = \frac{-4}{7} = -0.6, \quad \overline{X_2} = \frac{38}{8} = 4.8$$

$$V_x = \frac{S_{x1} + S_{x2}}{\phi_1 + \phi_2} = \frac{100 + 118}{6 + 7} = 16.7$$

$$t_0 = \frac{\overline{X_2} - \overline{X_1}}{\sqrt{V_x}\sqrt{\frac{1}{n_1} + \frac{1}{n_2}}} = \frac{4.8 - (-0.6)}{\sqrt{16.7}\sqrt{\frac{1}{7} + \frac{1}{8}}} = 2.52^*$$

$t(13, 0.05) = 2.160, \quad t(13, 0.01) = 3.012$ と比較すると，有意水準 1 % では有意とならないが，有意水準 5 % では有意となる．（* は 5 % で有意，** は 1 % で高度に有意であることを表す．）

3．結　　論

1 号機と 2 号機とではバラツキの差は認められないが，平均の差がある．

問題 5.4

1．方　　針

1)　まず，両者のバラツキに違いがないかどうかを，母分散が等しいという帰無仮説を立てて F 検定によって調べる（等分散性の検定：両側検定）．
2)　平均の差の検定を行う．母平均が同じという帰無仮説を立てて，両側検定を

行う。

2. 解　析
1) 等分散性の検定
まず，2組の母集団の母分散が等しいかどうかを検定する。

帰無仮説　$H_0 : \sigma_A^2 = \sigma_B^2$

対立仮説　$H_1 : \sigma_A^2 \neq \sigma_B^2$

有意水準　$\alpha = 0.05$（5％）両側検定

統計量と棄却域 R　$F_0 \geq F(\phi_A, \phi_B, \alpha/2)$ または $F_0 \leq F(\phi_A, \phi_B, 1-\alpha/2)$

データより

$n_A = 10, \ n_B = 10$

$\phi_A = n_A - 1 = 9, \ \phi_B = n_B - 1 = 9$

$S_A = 2\,008.1, \ S_B = 412.9$

$V_A = \dfrac{S_A}{\phi_A} = 223.12, \quad V_B = \dfrac{S_B}{\phi_B} = 45.88$

$F_0 = \dfrac{V_A}{V_B} = \dfrac{223.12}{45.88} = 4.86^* > 1.0$

検定を行うと

$F_0 = 4.86 > F(9, 9 ; 0.025) = 4.026$

したがって H_0 は棄却され，分散は等しいとはいえない。

2) 平均の差の検定
1)より2組の母集団の母分散が等しいとはいえないことがわかったので，分散が等しくない場合の検定を行う（Welchの検定）。ただし優れているかどうかの検定のため，対立仮説は片側検定となる。

帰無仮説　$H_0 : \mu_A = \mu_B$

対立仮説　$H_1 : \mu_A < \mu_B$

有意水準　$\alpha = 0.05$（5％）片側検定

統計量と棄却域 R　$|t_0| \geq t(\phi^*, 2\alpha)$

データより

$n_A = 10, \ n_B = 10$

$\overline{X_A} = \dfrac{4\,553}{10} = 455.3, \quad \overline{X_B} = \dfrac{4\,751}{10} = 475.1$

$V_A = 223.12, \ V_B = 45.88$

$t_0 = \dfrac{(\overline{X_A} - \overline{X_B}) - (\mu_A - \mu_B)}{\sqrt{\dfrac{V_A}{n_A} + \dfrac{V_B}{n_B}}} = \dfrac{(455.3 - 475.1) - 0}{\sqrt{\dfrac{223.12}{10} + \dfrac{45.88}{10}}} = -3.818$

また，自由度 ϕ^* は，次式により求められる。

$$\frac{1}{\phi^*} = \frac{c^2}{n_A-1} + \frac{(1-c)^2}{n_B-1}$$

$$c = \frac{\dfrac{V_A}{n_A}}{\dfrac{V_A}{n_A}+\dfrac{V_B}{n_B}}$$

$$V_A = \frac{S_A}{n_A-1}, \quad V_B = \frac{S_B}{n_B-1}$$

これより，$\phi^* = 13$ となる。

よって，$t(\phi^*, 2\alpha) = t(13, 2\times 0.05) = 1.771$

① 検 定

棄却域 R $\quad |t_0| \geq t(\phi^*, 2\alpha)$

$\quad |t_0| = 3.818 > t(13, 2\times 0.05) = 1.771$

したがって H_0 は棄却され A 組と B 組の平均は同じであるとはいえない。B 組の方が優れていそうである。このデータの場合は，1％ でも有意となる。

② 推 定

❶ 2 組の差の点推定

$$\delta = \overline{X}_A - \overline{X}_B = -19.8$$

区間推定（95％信頼区間）

　信頼下限値

$$\delta_L = \overline{X}_A - \overline{X}_B - t(9, 2\times 0.025) \times \sqrt{\frac{V_A}{n_A}+\frac{V_B}{n_B}}$$

$$= -19.8 - 2.262 \times \sqrt{\frac{223.12}{10}+\frac{45.88}{10}} \fallingdotseq -31.5$$

　信頼上限値

$$\delta_U = \overline{X}_A - \overline{X}_B + t(9, 2\times 0.025) \times \sqrt{\frac{V_A}{n_A}+\frac{V_B}{n_B}}$$

$$= -19.8 + 2.262 \times \sqrt{\frac{223.12}{10}+\frac{45.88}{10}} \fallingdotseq -8.07$$

A 社と B 社の平均の差に関して，点推定値は -19.8 点，その 95％ 信頼区間は $-31.5 \sim -8.07$ 点であるといえる。

❷ おのおのの点推定

$$\widehat{\mu}_A = \overline{X}_A = 455.3, \quad \widehat{\mu}_B = \overline{X}_B = 475.1$$

区間推定（95％信頼区間）

　A 社の信頼下限値

$$\mu_{A,L} = \overline{X}_A - t(9, 2\times 0.025) \times \sqrt{\frac{V_A}{n_A}}$$

A社の信頼上限値

$$\mu_{A,U} = \overline{X}_A + t(9, 2\times 0.025) \times \sqrt{\frac{V_A}{n_A}}$$

$$= 455.3 + 2.262 \times \sqrt{\frac{223.12}{10}} \fallingdotseq 466.0$$

B社の信頼下限値

$$\mu_{B,L} = \overline{X}_B - t(9, 2\times 0.025) \times \sqrt{\frac{V_B}{n_B}}$$

$$= 475.1 - 2.262 \times \sqrt{\frac{45.88}{10}} \fallingdotseq 470.3$$

B社の信頼上限値

$$\mu_{B,U} = \overline{X}_B + t(9, 2\times 0.025) \times \sqrt{\frac{V_B}{n_B}}$$

$$= 475.1 + 2.262 \times \sqrt{\frac{45.88}{10}} \fallingdotseq 479.9$$

2組の分散が異なる場合でも Welch の検定により平均値の検定を行うことができるが，本来分散が異なるのに平均値を比べることにそれほどの意味はない。

問題 5.5

1. 方　　針

母分散の点推定および 95 % 信頼区間を求める。

2. 解　　析

まず，データを変換 $\{X=(元のデータ-2.80)\times 100\}$ して S_x を計算する。

$$S_x = \sum_{i=1}^{n} X^2 - \frac{\left(\sum_{i=1}^{n} X\right)^2}{n} = 7\,190 - \frac{144^2}{20} = 6\,153$$

点推定：$\sigma^2 = \dfrac{\dfrac{S_x}{\phi}}{(100)^2}$, $\phi = n-1$

区間推定：$\chi_1^2(19, 0.025) = 32.9$

$\chi_2^2(19, 0.975) = 8.91$

したがって

$$\sigma_L^2 \times (100)^2 = \frac{S_x}{\chi_1^2} = \frac{6\,153}{32.9} = 187$$

$$\sigma_U^2 \times (100)^2 = \frac{S_x}{\chi_2^2} = \frac{6\,153}{8.91} = 691$$

3. 結　　論

95 % の信頼区間はもとの単位に直して

$0.0187 < \sigma^2 < 0.0691$ 〔mm〕^{2}

問題 5.6

1. 方　　針

χ^2 分布または F 分布を用い，お菓子の重量が $\sigma^2 = 19.2$ の母集団に属するという帰無仮説に対して，両側検定を行う。

2. 解　　析

1) 従来の製造機によって作られたお菓子の重量の分散を σ_0^2，新しい製造機により作られたお菓子の重量の分散を σ_1^2 とすると

   帰無仮説　$H_0 : \sigma_1^2 = \sigma_0^2$

   対立仮説　$H_1 : \sigma_1^2 \neq \sigma_0^2$

   有意水準　$\alpha = 0.01$（1 %）　両側検定

   統計量と棄却域 R　$\chi_0^2 \geq \chi^2(\phi, \alpha/2)$ または $\chi_0^2 \leq \chi^2(\phi, 1-\alpha/2)$

2) $\sigma^2 = 19.2,\ S = 832,\ n = 20$

   $\chi_0^2 = \dfrac{S}{\sigma^2} = \dfrac{832}{19.2} = 43.3^{**}$

付表 7 の χ^2 分布表によると，$\chi^2(19, 0.005) = 38.6$ である。したがって，計算された $\chi_0^2 = 43.3$ は有意水準 1 % で有意となる。

3. 結　　論

新しい製造機で作ったお菓子の重量は従来のものとバラツキが違う。

・**別法（F 分布による方法）**

$\sigma^2 = 18.7,\ V = \dfrac{832}{19} = 43.8,\ F_0 = \dfrac{43.8}{18.7} = 2.34^{**}$

この場合には，母集団の n が無限大であると考えて検定を行う。したがって

　　$F(19, \infty ; 0.005) = 2.03$

　　$F_0 = 2.34^{**} > F(19, \infty ; 0.005) = 2.03$

となるため，分散比は高度に有意となり，同じ結論となる。

6 章

問題 6.1

1. 方　　針

母百分率と試料百分率を比較するには，二項確率紙を用いるのが簡単である。しかし，二項確率紙がない場合は，正規分布に近似する方法，χ^2 分布による方法など

がある。$np \geq 5$, $p \leq 0.5$ の場合は正規分布に近似して解析するのが実用的である。

2. 解　析

従来の母不良率を p'_0, 新しい方法での母不良率を p'_1 とすると

帰無仮説　$H_0 : p'_1 = p'_0$

対立仮説　$H_1 : p'_1 < p'_0$

有意水準　$\alpha = 0.05$（5％）片側検定

統計量と棄却域 R　$|Z_0| \geq Z_\alpha$

この問題では，$np'_1 = 22$, $p'_1 = 0.04$ であるから，正規近似によって解析すると

$$Z_0 = \frac{0.04 - 0.09}{\sqrt{\frac{0.09(1-0.09)}{245}}} = -2.7^{**}$$

付表1より $Z_{0.05} = 1.65$ である。よって

$|Z_0| = 2.7 > Z_{0.05} = 1.65$

したがって，有意水準5％で有意となる。さらに1％でも有意となる。

3. 結　論

クレーム数が減少し，教育の効果があったといえる。

問題 6.2

1. 方　針

過労の発生を表にすると，つぎの**解表6.1**のようになる。

解表6.1

業種	過労と判断された人	過労と判断されなかった人	計
A	64	286	350
B	54	346	400
計	118	632	750

この場合，$n\bar{p}$ が大きく $\bar{p} = 15.7\%$ であるから，正規分布に近似できる。

2. 解　析

A業種とB業種との母不良率をそれぞれ p_A, p_B とすると

帰無仮説　$H_0 : p_A = p_B$

対立仮説　$H_1 : p_A > p_B$

有意水準　$\alpha = 0.05$（5％）片側検定

統計量と棄却域 R　$|Z_0| \geq Z_\alpha$

$$p_A = \frac{64}{350} = 0.183, \quad p_B = \frac{54}{400} = 0.135, \quad \bar{p} = \frac{118}{750} = 0.157$$

$$Z_0 = \frac{0.183 - 0.135}{\sqrt{0.157 \times 0.844 \times \left(\frac{1}{350} + \frac{1}{400}\right)}}$$
$$= 1.80^*$$

付表1より $Z_{0.025} = 1.96$ である。よって

$|Z_0| = 1.80 > Z_{0.05} = 1.65$

したがって，有意水準5％で有意となる。

3．結論

A業種よりもB業種の過労の発生率が少ないといえる。

7章

問題7.1

1．方針

2×2分割表データより，甲の方が乙よりも熟練しているかどうかを，χ^2分布を用いて検定する。

2．解析

1) 作業者甲の不良率を p_1，作業者乙の不良率を p_2 とすると

帰無仮説　$H_0 : p_1 = p_2$

対立仮説　$H_1 : p_1 \neq p_2$

有意水準　$\alpha = 0.05$（5％）片側検定

統計量と棄却域 R　$\chi_0^2 \geq \chi^2(\phi, \alpha)$, $\phi = (k-1) \times (m-1)$

2) データより

統計量は

$$\chi_0^2 = \sum_{i=1}^{2} \sum_{j=1}^{2} \frac{(x_{ij} - x^*_{ij})^2}{x^*_{ij}} = 0.586$$

自由度は

$\phi = (k-1) \times (m-1) = (2-1) \times (2-1) = 1$

つぎに自由度1の χ^2 表（付表7）の値と比較して検定する。付表7より

$\chi^2(1, 0.05) = 3.84$

である。したがって

$\chi_0^2 = 0.586 \leq \chi^2(1, 0.05) = 3.84$

となり，5％で有意とはならない。

3．結論

H_0 は採択され甲と乙の習熟度に違いがあるとはいえない。

問題7.2

1. 方　　針
データの平均値を全体の平均値と考え，この平均値を織機による差がないときに期待される数として，各データがこれからの偶然的な違いの範囲にあるかどうかを，χ^2分布を用いて検定する。

2. 解　　析
1) それぞれの織機の糸切れ数の母平均を $m_1, m_2, \cdots, m_8$ とすると

帰無仮説　$H_0 : m_1 = m_2 = \cdots = m_8$
対立仮説　$H_1 : m_i$ は必ずしも等しいとはいえない。
有意水準　$\alpha = 0.05$ および 0.01（5％および1％）片側検定
統計量と棄却域 R　$\chi_0^2 \geq \chi^2(\phi, \alpha),\ \phi = k-1$

2) 期待度数 x^*_i と $\chi_0^2 = \sum_{i=1}^{2} \dfrac{(x_i - x^*_i)^2}{x^*_i}$ を求める。

期待度数は
$$x^*_i = \frac{28+14+20+9+22+33+17+25}{8} = \frac{168}{8} = 21$$

統計量は
$$\chi_0^2 = \{(28-21)^2 + (14-21)^2 + (20-21)^2 + (9-21)^2$$
$$+ (22-21)^2 + (33-21)^2 + (17-21)^2 + (25-21)^2\}/21$$
$$= 20.0^{**}$$

自由度は
$$\phi = k - 1 = 7$$

検定を行うと

付表7より，$\chi^2(7, 0.05) = 14.1$，$\chi^2(7, 0.01) = 18.5$ であるから，有意水準1％で有意である。

3. 結　　論
織機によって糸切れ数に差がある。

問題7.3

1. 方　　針
題意から，帰無仮説としてさびの発生数 X が正規分布に従うと仮定する。これに基づいて理論度数を計算し，統計量 χ_0^2 により検定を行う。そのためには，データから平均値 μ と分散 σ^2 を推定しなくてはならない。

2. 解　析

1) 帰無仮説　H_0：さびの発生数 X が正規分布に従う
   対立仮説　H_1：さびの発生数 X が正規分布に従っていない。
   有意水準　$\alpha=0.05$（5％）片側検定
   統計量と棄却域　R　$\chi_0^2 \geq \chi^2(\phi, \alpha)$, $\phi=m-1-c$

2) データより，母平均，母分散を推定し，期待度数，統計量を求める。

$$\hat{\mu}=\frac{\sum x_i f_i}{n}=\frac{411}{100}=4.11$$

$$\hat{\sigma}^2=\frac{\sum_{i=1}^{n} x_i^2 f_i - \frac{\left(\sum_{i=1}^{n} x_i f_i\right)^2}{n}}{n-1}$$

$$=\frac{2\,075-\frac{(411)^2}{100}}{99}\fallingdotseq 3.90$$

$\hat{\sigma}\fallingdotseq 1.97$

これらの母数より，期待度数はつぎの**解表7.1**のようになる。

解表7.1　さびの発生数

発生数	≦0	1	2	3	4	5	6	7	8	9	10	11
観測度数	1	3	16	22	25	12	8	8	2	1	1	1
期待度数	3.4	5.9	11.4	17.1	20.0	18.1	12.8	7.0	3.0	1.0	0.3	0.0

さらにクラスをプールして整理するとつぎの**解表7.2**のようになる。

解表7.2　プール後さびの発生数

発生数	≦1	2	3	4	5	6	7≦
観測度数	4	16	22	25	12	8	13
理論度数	9.3	11.4	17.1	20.0	18.1	12.8	11.3

これより統計量は

$$\chi_0^2 = \sum_{i=1}^{7} \frac{(f_i - f^*_i)^2}{f^*_i} = 11.642^*$$

自由度
　$\phi=m-1-c=7-1-2=4$
また
　$\chi_0^2=11.642 \geq \chi^2(4, 0.05)=9.488$
　$\chi_0^2=11.642 \leq \chi^2(4, 0.01)=13.277$

であるから有意水準5％で有意となる。

3. 結論
帰無仮説が棄却されたことにより，さびの発生数 X は正規分布に従っているとはいえないことになる。

8章

問題8.1

1. 方針
まず，データから散布図を描き関連の強さを調べる。ある程度関連がありそうならば今度は，試料の相関係数を求め，検定と推定を行う。

2. 解析

1) 帰無仮説　$H_0: \rho=0$
　　対立仮説　$H_1: \rho \neq 0$
　　有意水準　$\alpha=0.01$ （1％）両側検定
　　統計量と棄却域 R 　$|r| \geq r(\phi, \alpha/2)$ または $|t_0| \geq t(\phi, \alpha/2)$；$\phi=n-2$

2) データより（散布図は省略）

$$S_{xy} = \sum_{i=1}^{n}(x_i-\overline{x})(y_i-\overline{y}) = \sum_{i=1}^{n} x_i y_i - \frac{\sum_{i=1}^{n} x_i \sum_{i=1}^{n} y_i}{n} = -65.26$$

$$S_{xx} = \sum_{i=1}^{n}(x_i-\overline{x})^2 = \sum_{i=1}^{n} x_i^2 - \frac{\left(\sum_{i=1}^{n} x_i\right)^2}{n} = 52.49$$

$$S_{yy} = \sum_{i=1}^{n}(y_i-\overline{y})^2 = \sum_{i=1}^{n} y_i^2 - \frac{\left(\sum_{i=1}^{n} y_i\right)^2}{n} = 85.78$$

$$r = \frac{S_{xy}}{\sqrt{S_{xx} \times S_{yy}}} = -0.9726^{**}$$

$$t_0 = r\sqrt{\frac{n-2}{1-r^2}} = -22.53^{**}$$

$$\phi = n-2 = 29$$

$r(\phi, \alpha) = r\left(29, \dfrac{0.01}{2}\right) = 0.4563$ （付表8から線形補間により求める）

$t(\phi, \alpha) = t\left(29, \dfrac{0.01}{2}\right) = 2.756$

$Z = \tanh^{-1} r = \dfrac{1}{2} \ln\left(\dfrac{1+r}{1-r}\right) = -2.138$

① 検定

$|r| = 0.9726 > r(29, 0.01) = 0.4563$

$|t_0|=22.53>t(29,0.01)=2.756$

付表 8 の相関係数 r の分布表と付表 2 の t 分布表のどちらの検定でも，高度に有意と判断され，負の相関があると判断される。

② 推　定

Z 変換された値が，正規分布に従うと考えられることから，Z 変換された母相関係数の 95％信頼区間はつぎのようになる。

$$\left(Z-\frac{1.96}{\sqrt{n-3}},\ Z+\frac{1.96}{\sqrt{n-3}}\right)$$

したがって，母相関係数の 95％信頼区間（ρ_L, ρ_U）はつぎのようになる。

$$\rho_U=\tanh\left(Z+\frac{1.96}{\sqrt{n-3}}\right)=\tanh(-1.768)=-0.9434$$

$$\rho_L=\tanh\left(Z-\frac{1.96}{\sqrt{n-3}}\right)=\tanh(-2.508)=-0.9868$$

3．結　論

高度に有意であり，水分と純分の間には，負の相関関係がある。また，母相関係数の値もきわめて 1 に近いと推定される。

問題 8.2

1．方　針

同順位が存在の有無によって順位相関係数の求め方が異なるため，まず順位を求め，必要な統計量を計算して順位相関係数を求める。

2．解　析

まず，順位で企業を並べ直した。それが**解表 8.1** である。

解表 8.1　学生の就職希望の多い企業の順位

	B	D	F	G	I	K	L	N	A	C	E	H	J	M
男性 X	1	2	3	4	5	6	7	8	9	10	10	12	12	14
女性 Y	1	2	3	4	5	6	7	8	10	9	10	12	12	14

このデータには同順位が存在するので，順位相関係数 τ は

$$\tau=\frac{C-D}{\sqrt{\frac{n(n-1)}{2}-T_x}\sqrt{\frac{n(n-1)}{2}-T_y}}$$

を用いて求める。検定に必要な値はそれぞれつぎのようになる。

$C=87,\ \ D=1,\ \ T_x=2,\ \ T_y=2,\ \ T_{xy}=1$

$$\frac{n(n-1)}{2}=\frac{14(14-1)}{2}=91$$

これより，順位相関係数の値はつぎのようになる．

$$\tau = \frac{87-2}{\sqrt{91-2}\sqrt{91-2}} \fallingdotseq 0.97$$

3. 結論

したがって，男性と女性とで希望する企業は同じ傾向がありそうである．

問題 8.3

1. 方針

問題の回帰直線は X を固定したときの Y の条件付き分布として求められ，その回帰直線（回帰式）はつぎのような一次式で書き表せる．

$$Y = \alpha + \beta x$$

係数 α と β は最小2乗法により推定される．

2. 解析

最小2乗法により α と β はつぎのように推定できる．

$$\alpha = \frac{\sum_{i=1}^{n} y_i \sum_{i=1}^{n} x_i^2 - \sum_{i=1}^{n} x_i \sum_{i=1}^{n} x_i y_i}{n\sum_{i=1}^{n} x_i^2 - \left(\sum_{i=1}^{n} x_i\right)^2} = \overline{y} - \beta \overline{x}$$

$$\beta = \frac{n\sum_{i=1}^{n} x_i y_i - \sum_{i=1}^{n} x_i \sum_{i=1}^{n} y_i}{n\sum_{i=1}^{n} x_i^2 - \left(\sum_{i=1}^{n} x_i\right)^2}$$

X を入学試験の成績，Y を1年後の評価点とし，上記の式とデータより

$$\hat{\alpha} = 4.91, \quad \hat{\beta} = 0.014$$

と推定される．

3. 結論

したがって回帰直線はつぎのようになる．

$$Y = 4.91 + 0.014 X$$

索　引

【い】

一様性の検定 test of homogeneity　　85, 86
一様分布 uniform distribution　　147
一様乱数 uniformly random number　　26, 27
一対比較 paired comparison　　58, 59, 68

【か】

回帰直線 regression line　　98, 99
確　率 probability　　1, 2
　——の公理 probability axioms　　1, 2
確率関数 probability function : pf　　29, 30
確率分布 probability distribution　　29
確率変数 random variable　　29
確率密度関数 probability density function : pdf　　29, 30
加法定理 additional theorem　　1, 3
ガンマ分布 gamma distribution　　146

【き】

幾何平均値 geometric mean　　9, 10
棄却域 critical region　　51, 53
擬似乱数 pseudo random number　　26
期待値 expectation　　29, 31
基本事象 elementary event　　1
帰無仮説 null hypothesis　　51, 52
逆関数法 inverse function method　　38, 39
共分散 covariance　　33

【く】

区間推定 interval estimation　　51, 53
区間推定量 interval estimator　　53
組合せ combination　　1, 2

【け】

経験分布 empirical distribution　　36
ケンドールの順位相関係数 Kendall's rank correlation coefficient　　92, 96

【こ】

合同法 congruence method　　26, 27

【さ】

最小2乗法 least squares method　　99
最頻値 mode　　9, 11
最尤推定量 maximum likelihood estimator　　88
最尤法 maximum likelihood method　　87, 88
算術平均値 arithmetic mean　　9, 10
散布図 scatter diagram　　92

【し】

指数分布 exponential distribution　　39, 145
自由度 degree of freedom　　91
順　列 permutation　　1, 2
条件付き確率 conditional probability　　6
条件付き分布 conditional distribution　　98, 99
乗法定理 multiplication theorem　　6

【す】

推定 estimation	51, 53
推定量 estimator	53
数値の丸め方 JIS Z 8401	20

【せ】

正規分布 normal distribution	29, 35, 143
積率 moment	14, 15
積率母関数 moment generating function : mgf	42, 43
積率母関数のおもな性質	42, 44

【そ】

相関係数 correlation coefficient	92

【た】

大数の法則 law of large numbers	47
対立仮説 alternative hypothesis	51, 52

【ち】

チェビシェフの不等式 Chebyshev's inequality	29, 33
中央値 median	9, 10
中心極限定理 central limit theorem	47
超幾何分布 hypergeometric distribution	142
調和平均値 harmonic mean	9, 10

【て】

適合度の検定 goodness-of-fit test	87, 88
点推定 point estimation	51, 53
点推定量 point estimator	53

【と】

統計的仮説検定 statistical hypothesis test	51, 52
同時確率密度関数 joint probability density function	88
等分散性 (homoscedasticity) の検定	58, 64
独立性の検定 test of independence	82
独立な independent	6
独立な確率分布の和 sum of independent random variables	42
度数分布表 frequency distribution table	20

【に】

二項分布 binomial distribution	29, 34, 141
——の部分和	74

【は】

排反 exclusive	1, 2
半整数補正 half-integer correction	49

【ひ】

ヒストグラム histogram	20
標準正規分布 standard normal distribution	35, 51, 54
標準正規分布近似 standard normal distribution approximation	74
標準偏差 standard deviation	14
標本 sample	9
標本空間 sample space	1
標本トガリ sample kurtosis	14, 15
標本ヒズミ sample skewness	14, 15
標本標準偏差 sample standard deviation	14, 15

【ふ】

2組の母分散の検定	58, 59

不偏分散 unbiased estimate of
   population variance　　　　14
分　散 variance　　　　　　　　14

【へ】

平均値 mean　　　　　　　　9, 10
ベイズの定理 Bayes' theorem　　6
平方採中法 midsquare method　26, 27
ベータ分布 beta distribution　　148
変動係数 coefficient of variation　14, 16

【ほ】

ポアソン分布 Poisson distribution　142
母集団 population　　　　　　　9
母　数 population parameter　　53
母比率（population ratio）の検定と推定
　　　　　　　　　　　　　74, 75
母比率の差の検定と推定　　　　78
母分散既知・未知の場合の母平均の検定と
　推定　　　　　　　　　　　51
母分散既知・未知の場合の母平均の差の
　検定と推定　　　　　　　　58
母分散の検定と推定　　　　　　69

F分布 F-distribution　　58, 64, 149
$k \times m$分割表 k-by-m contingency table
　　　　　　　　　　　　　　　82
t検定の応用　　　　　　58, 59, 68

【ゆ】

有意水準 significance level　　51, 53
尤度関数 likelihood function　　88

【ら】

乱　数 random number　　　　26

【り】

離散確率変数 discrete random variable
　　　　　　　　　　　　　29, 30

【る】

累積分布関数 cumlative distribution
　function：cdf　　　　　　29, 30

【れ】

連続確率変数 continuous random
　variable　　　　　　　　29, 30

【わ】

ワイブル分布 Weibull distribution
　　　　　　　　　　　　　38, 147

---

t分布 t-distribution　　51, 56, 145
Z変換 Z-transformation　　92, 93
χ^2分布 χ^2-distribution　　69, 144

―― 著者略歴 ――

横山真一郎（よこやま　しんいちろう）
- 1982 年　東京工業大学大学院理工学研究科博士課程修了（経営工学専攻）工学博士
- 1982 年　武蔵工業大学助手
- 1985 年〜86 年　米国ロチェスター大学客員研究員
- 1996 年　武蔵工業大学教授
- 2009 年　東京都市大学教授（名称変更）現在に至る

関　哲朗（せき　てつろう）
- 1991 年　慶應義塾大学大学院理工学研究科後期博士課程単位取得退学（管理工学専攻）博士（工学）
- 1991 年　帝京技術科学大学助手
- 1997 年　千葉工業大学講師
- 2001 年　千葉工業大学助教授
- 2007 年　文教大学准教授
- 2011 年　文教大学教授　現在に至る

横山　真弘（よこやま　まさひろ）
- 2014 年　電気通信大学大学院情報システム学研究科博士後期課程修了（社会知能情報学専攻）博士（工学）
- 2014 年　中央大学助教
- 2015 年　職業能力開発総合大学校特任助教　現在に至る

基礎と実践　数理統計学入門（改訂版）
Fundamentals and Practices : Introduction to Mathematical Statistics
(Revised Edition)　　　Ⓒ Shin-ichiro Yokoyama, Tetsuro Seki　2007, 2016

2007 年 1 月 22 日　初版第 1 刷発行
2016 年 4 月 28 日　初版第 3 刷発行（改訂版）

検印省略	著　者	横　山　真　一　郎
		関　　　哲　　朗
		横　山　真　　弘
	発行者	株式会社　コ ロ ナ 社
	代表者	牛　来　真　也
	印刷所	壮光舎印刷株式会社

112-0011　東京都文京区千石 4-46-10
発行所　株式会社　コ ロ ナ 社
CORONA PUBLISHING CO., LTD.
Tokyo　Japan
振替 00140-8-14844・電話 (03) 3941-3131 (代)
ホームページ http://www.coronasha.co.jp

ISBN 978-4-339-06110-9 　（鈴木）　（製本：グリーン）
Printed in Japan

本書のコピー，スキャン，デジタル化等の無断複製・転載は著作権法上での例外を除き禁じられております。購入者以外の第三者による本書の電子データ化及び電子書籍化は，いかなる場合も認めておりません。

落丁・乱丁本はお取替えいたします